強勢競爭

卓宗雄◎著

「NEO系列叢書」總序

Novelty 新奇・Explore 探索・Onward 前進

Network 網路・Excellence 卓越・Outbreak 突破

世紀末，是一襲華麗？還是一款頹廢？

千禧年，是歷史之終結？還是時間的開端？

誰會是最後一人？大未來在哪裡？

複製人成為可能，虛擬逐漸替代真實；後冷戰時期，世界權力不斷地解構與重組；歐元整合、索羅斯旋風、東南亞經濟危機，全球投資人隨著一波又一波的經濟浪潮而震盪不已；媒體解放，網路串聯，地球村的幻夢指日可待；資訊爆炸，知識壟斷不再，人力資源重新分配……

地球每天自轉三百六十度，人類的未來每天卻有七百二十度的改變，在這樣的年代，

揚智「NEO系列叢書」，要帶領您——

整理過去・掌握當下・迎向未來

全方位！新觀念！跨領域！

序言

步入強勢競爭的新時代

回顧台灣近半世紀所走過的路，藉由一代一代的企業經營者努力不懈地創造出傲人的成就，這種獨樹一格的「台灣奇蹟」確實是不斷蛻變的歷程。自九〇年代起，資訊科技的快速發展，台灣企業所面對的挑戰變得更複雜也更嚴酷，除了企業電子化這股趨動力之外，企業間競爭的方式轉變為企業資產的全面性競爭，這種全面性競爭包括了有形資產與無形資產的總體競爭。

身處於快速發展的亞洲，臨近中國大陸，台灣與其他東亞的國家都必須因應二十一世紀最大的變化——新經濟時代。在新經濟時代中，企業如何取得競爭優勢，是涉及層面十分複雜的課題，這包括經濟層面、科技層面、組織策略、管理制度、績效衡量以及企業智慧資產等。因此，如何發掘並強化企業核心競爭力是相當重要但卻十分不易闡述的議題。

這本書特別之處在於將核心競爭力的重要課題——如何發掘、如何強化，藉由日常對話的方式，生動活潑地闡明企業核心競爭力的價值，進而從經濟循環的過程中推導出價值框、價值螺旋分析法，作為分析企業核心競爭力的理論基礎；更可貴的是不但分章說明作業流程、品質、知識管理如何強化企業核心競爭力，還提供實作的推動步驟與指引，以及實務思考案例，使讀者隨時可以應用所學。

這本書所涉及的內容，例如，核心競爭力（core competence）、平衡計分卡（BSC）、價值框（value frame）、價值螺旋（value spiral）、ISO國際品質標準、知識管理（KM）、Six Sigma超品質管理、企業電子化（e-Biz）、客戶關係管理（CRM）、供應鏈管理（SCM）、企業應用整合（eAI）等議題，不僅僅是企業管理控制的重要環節，更是決策制定的有力工具。

對於管理學大師波特所提出的價值鏈（value chain）概念及強調五種競爭力分析鑽石模式，可能大家已經十分熟悉，或許平衡計分卡（BSC）對大家也並不陌生，透過這本

《強勢競爭》的闡述，我深信不論是學術界或實務界的人士應該都可從這本書中發掘到更多有趣的研究課題。

周鐵洋 博士

中華民國企業經營管理顧問協會 理事長

自序

在競爭日趨激烈的環境下，如何獲得競爭優勢，以及如何維持並強化企業的競爭優勢，是企業各階層決策者經常思考的問題。雖然，各式各樣的管理技術與科技應用，讓企業經營者有更多的選擇，但往往要將這些「策略」具體落實，以營造更穩固的企業競爭優勢並非易事。

台灣企業目前正面臨著國際化、自由化與知識化競爭的新環境，競爭的複雜度與困難度將遠遠超過以往，因此，如何讓企業有限的資源能集中精力在作正確的事，是我們在強調提昇產業競爭力的關鍵議題；簡單來說，就是「核心競爭力才是企業在新經濟時代競爭的真正武器」。

不論是ISO國際品質標準、知識管理（KM）、超品質管理（Six Sigma）、企業電子化

（e-Biz）、資料倉儲（DW）、客户關係管理（CRM）、供應鏈管理（SCM）、企業應用整合（eAI）等議題，其目的都在於如何強化企業的競爭優勢，而最終的目標就是讓企業能長期維持其應得的收益。

在實務界真正的問題是：有限企業資源應如何運用才能產生最大的效益？這本書就是希望回答這個問題，在這些黑底白字中並不會有固定的答案，若能"Read between the lines"讀者應該不難找到您所需要的答案。

對於本書的讀者，除了可以利用http://www.mygei.com的網路服務與作者交換並分享您寶貴的建議之外，如果您還有特別的想法，也歡迎能與我們連絡，因為筆者相信：「能激發思考，才算是讀書。」

出版這本書的過程中，很多人扮演了極重要的角色。出版社的主編與相關同仁，自始給予我們支持與協助；對於議題方向與實務內容，感謝Accenture這個大家庭提供最佳的典範，台灣區總裁Angel Li給予我們熱情的支持；多位實務界朋友的意見與指教，讓我們能在本書付梓前做出重要的修正。

本書能順利出版，要感謝的人實在很多，朱大文、朱大成、朱大欣三兄弟在這段期間內的鼎力協助，以及最敬愛的阿嬤邱黃千鶴女士、邱健一先生、徐美蘭女士對我們在寫作上的支持與鼓勵，還有我們的家人也都是本書成書過程中不可缺少的助力，在此，讓我們說一聲：「感謝您！」

最後要敬祝各位讀者——在思考本書內容的同時，能夠在實務工作中活學活用，以強化核心競爭力。

卓宗雄

Edward Juo／Shirley Chiu

目錄

「NEO系列叢書」總序 i
序言 iii
自序 vi
導讀 1

第一單元 重要觀念建立 5

台灣現況 10
新經濟——企業隱性資產的競爭 16

企業成長的驅動力　20
經濟循環——競爭優勢的全貌　25
產品價值是效用與功能的組合　28
核心競爭力——企業具有獨特且不易被競爭者模仿的能力　29
強化核心競爭力三項要素——作業流程、品質、知識管理　30
品質效益能對企業最終利潤產生最佳貢獻　31
第一章　核心競爭優勢　34
新課程——如何分析與發掘企業核心競爭力　36
消費者的偏好　37
影響利潤的要素　42
寡占市場的競爭方式　46
決定利潤的要素——經營能力　47

決定經營能力的三項要素——作業流程、產品、人才 48
分析核心競爭力，必須兼顧組織的外部與內部因素 49
核心競爭力 51
價值的傳遞與價值的轉換 59
企業經營能力 62
價值傳遞曲線 63
價值轉換曲線 66
價值框 69
價值螺旋 73
會計、財務績效衡量 77
平衡計分卡 78
價值螺旋分析 83
價值框分析 91

第二章　ISO國際標準的重要觀念　99
品質概念的沿革　101
ISO 9000系列　104
FMECA分析方式　115
企業如何導入ISO　117
ISO品質文件架構　119
內部品質稽核程序　122
PDCA持續改善程序　123
最新發展　123
第三章　知識管理的重要觀念　125
知識管理的沿革　126

知識轉換的過程 128
知識的市場價值 132
推動企業的知識管理 135
作業流程的知識結構分析 139
知識管理的架構 143
知識管理的挑戰 147
知識管理的發展 149
第四章 超品質管理（Six Sigma）的重要觀念 153
Six Sigma的主要意義 155
比較TQM與Six Sigma 160
Sigma是什麼？ 167
DMAIC作業程序 169

Six Sigma組織架構　173
Six Sigma主要流程　174
Six Sigma成功關鍵要因　179

第五章　有價的企業電子化工程　183

企業電子化概念　184
企業電子化改變作生意的方式　194
企業電子化突顯核心競爭力　196
從財務的角度出發　200
企業資源規劃　202
客戶關係管理　210
企業電子化的架構　215
企業電子化與ISO、KM、Six Sigma的關係　220

企業電子化的步驟　222

第二單元　實務思考案例　227

第六章　參考案例　230

思考案例（一）　是時間不夠，還是沒有工作效率？　230
思考案例（二）　如何落實員工的工作移交？　234
思考案例（三）　品管經常出問題，怎麼辦？　237
思考案例（四）　如何處理客户的抱怨？　240
思考案例（五）　如何強化對客户的服務？　243
思考案例（六）　專業的知識管理技能，如何養成？　245
思考案例（七）　公司現已取得ISO認證，下一步該如何？　251

思考案例（八）　如何推動超品質管理？　254
第七章　新經濟下的管理會計問題　259
第八章　簡報指引　269
簡報基本架構　270
範本格式　276

導讀

您關心台灣的未來嗎？

台灣的政治、經濟、國防、教育、社會、文化等各個層面，都在面對全新的競爭，這種新的競爭模式，我們稱之為「強勢競爭」。

國家與國家、政黨與政黨、企業與企業之間，隨著新經濟時代的來臨，競爭的方式快速蛻變，全新的競爭模式是運用「強勢」來相互競爭，這裡所謂的「強勢」就是管理學所謂的「核心競爭力」。

為什麼「核心競爭力」這個議題值得我們詳加探討？

因為，我們都正走在歷史的抉擇點，隨著政黨的和平輪替，台灣的政治、經濟、文化等層面，都必須開拓出新格局、新氣象，雖然有許多改變必須經過長時間的醞釀才會成形，但只要方面正確，終究能開花結果；「核心競爭力」就是幫助我們找出正確方面的指南針。

不論是國家政策方針的制定、政黨政治運作的方略、企業e化的決策等，如果所做的努力無法進一步強化其「核心競爭力」，則這些投資或努力終將難以產生實際的成效。但如何發掘並強化組織「核心競爭力」的過程十分複雜，並非人人能懂。因此，本書的主要內容就是在介紹如何透過作業流程、品質、知識管理來發掘並強化組織的「核心競爭力」。作者以親身的經歷，透過師生間的互動過程，將重要的企業管理知識化為簡單易懂的道理，讓讀者建立重要的觀念，並能在實際的案例中思考與應用。

本書分為兩個單元，第一單元是重要觀念的建立，內容從台灣的現況談起，探討新經濟時代中企業成長的驅動力；第一章主旨說明核心競爭力的重要觀念，以及如何運用Edward Juo提出的價值框與價值螺旋分析來發掘企業的核心競爭力；第二章介紹強調作業流程的ISO國際標準；第三章則說明企業推動知識管理的具體措施；第四章以強調品質效益的超品質管理（Six Sigma）為內容；第五章則從宏觀的角度，說明突顯核心競爭力才是企業電子化的真正目的。

第二單元，則以第六章的實務案例為主軸，協助讀者從不同層面思考企業或組織所面臨的現況與挑戰，讀者可利用這些案例進行課堂上的討論；第七章探討新經濟時代下企業在管理會計上所面臨的問題；讀者進行課堂討論時可以參照第八章的簡報指引，簡報是最基本的管理技術，這裡採用管理顧問通用的問題分析架構，參照這份指引，能夠幫助我們瞭解與分析問題並且確定立論依據。

第一單元　重要觀念建立

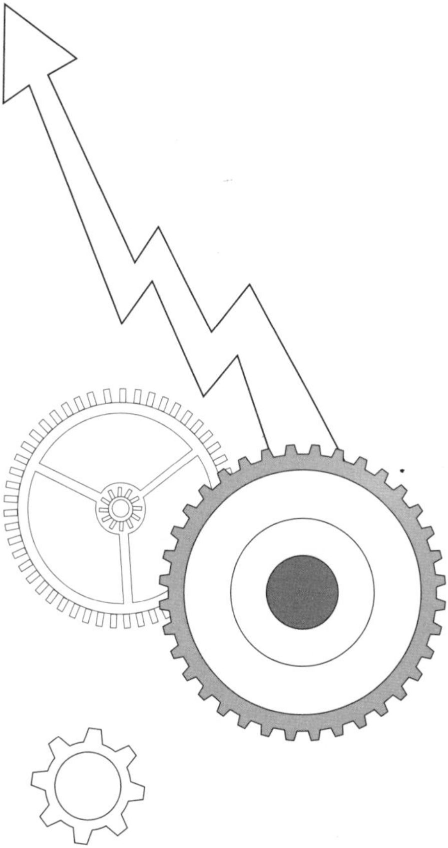

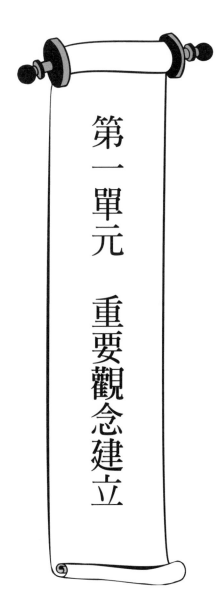

去年秋天我剛從上海返回台北，經過香港順便拜訪在香港經商的朋友，丹尼爾（Daniel）與史蒂文（Stephen），我們是研究所的同窗，由於只是轉機過境，我們會面的時間十分短暫，於是大家便相約今年辦個同學會，順便回校園去探望幾位指導教授。

自從台灣經歷首次政黨交替之後，這是我第一次返回台北。透過電視台的現場轉播，台灣新生代的領導人作出重要的宣誓，雖然我們人不在台灣，但是大家還是主動連絡，相約來看電視轉播，有幾位朋友還特別從浦東開車趕過來，要一起目睹台灣不平凡的政治成就。由於這次是台灣第一次的政黨輪替，CNN駐上海的記者特別來訪問在場的台商對未來兩岸政經發展的看法。

當大陸WTO談判的結果尚未明朗之前，原本在氣勢上領先的台灣人對大陸僅是市場探勘與保守的投資，那時只有到特定的餐廳才能吃到台灣的家鄉口味；自從大陸WTO談判有了具體進展之後，轉眼間，商機與資金都集中到大陸這個最具發展潛力的新市場，從此，愈來愈多的台灣人出入於上海頂級的住宅區，上海的外灘、南京西路、衡山路等大街上，很容易便可聽到台灣的鄉音。台灣人不只僅止充斥於上海，在昆山、蘇州、中山、西安、重慶……等城市，台灣的風味愈來愈濃。

如果，台灣的企業都跑到大陸，那台灣還能留下什麼呢？嗯，是時候讓我們回頭看看台灣的現況了。

Adam是我的指導教授，從他的研究室可以看到校區內的小湖，顯得陳舊的紅色磚牆和掛滿在屋頂上長長的藤蔓，讓這棟建築顯得有古意盎然，事實上它也是學生們公認最有歷史意義的建築。

離開校園已經很久了，很意外在電話上他還記得我的名字，我與Adam約好今天中午一起餐敘。Adam的研究室在二樓，走上中庭的迴廊，左側走廊的最後一間就是他的研究室，我依稀還記得當時在寫論文時的種種情景，片刻之間，同學的面貌與聲音不時的溢上心頭，這眞是令人回味的感受啊。

很快便到了研究室的門口，敲敲門，熟悉的回應聲，Adam的研究助理Joanna來開門，她先與我簡單的寒暄幾句，Joanna 是Adam的新研究助理，所以我們並不太熟悉，Joanna正準備引領我進到側邊的會客室時，Adam從辦公室神情愉悅的走出來，直接把我帶進他研究室的沙發坐下。Joanna大概沒料到教授與我的關係，因爲當年Adam是我指導教授時，我也曾擔任過Joanna現在的職務。Adam請Joanna泡上好的涷頂茶，順便訂好中午吃飯的餐廳。其實Adam這位英國籍的教授非常精於中國的茶道，當年在擔任他的研究助理時，還向他學到不少選茶葉與泡茶的技術，有時候他也會常常到大陸考察，不過對於台灣產的茶他還是

比較有信心。（大概，他覺得在大陸買茶葉要花更多精力來辨別眞僞，而且品質、包裝與保存方式都不太符合他的要求）

Adam很高興的與我談談現況，從畢業後往大陸發展的經過，也關心我什麼時候要結婚，他認爲這是生涯的重要關鍵，交待我事業要注意，家庭也要考慮，人生才會完整。

「老師，很高興看到您的氣色仍然這麼好。」

Adam問道：「我聽說Daniel和Stephen在兩岸三地都發展的不錯，有他們最新的消息嗎？」

「Daniel和Stephen這幾年一直在做進出口與貿易生意，他們只要到上海一定會來找我，而且此次大陸合併A股與B股的牛市，他們恰好抓到時機，相信有賺到不少的利潤。」

Adam：「嗯，看來他們知道如何卡在中國市場發展的有利位置。」

「老師，其實這次我回台灣，在香港與Daniel約好要回來辦一個同學會，希望您到時也能來參加。」

「很好，我也很想看看你們大家，像你們幾個還有Mark、Tony、John，另外，我知道Jennifer最近好像也回來了，我待會兒把她的連絡電話給你，這樣你們就可以多連絡連絡。」

還有其他的老師會參加嗎？」

「這次我們還會邀請Kevin與Justin兩位教授。」

「很好，聽說Justin對e-Business有很新的見解，一直想和他談談，希望你們能夠請到他。」

台灣現況

產業外移

「老師，最近我回台灣之後發現有很大的改變，尤其是台灣相關產業與資金外移的情形讓我有點驚訝，因為前幾年台商在大陸投資的規模與密集度尚不明顯，僅止於一些重點發展的都會和經濟特區，不過現在好像情勢改變。我回台灣之後，與幾位製造業的朋友聯絡，發現事實上他們本身並不願意外移，只是情勢所迫，不得不跟著整個產業的供應鏈移動，因為產業的上游與下游都移到大陸了，如果他們不跟著去，是絕對沒法獨自在台灣生存。以前在台灣由於產業整合便利，國外進口的材料直接過海關之後便就近送到加工廠，待完工驗收之後，立刻再送到保稅倉庫出關，很快就可以交給客戶。由於交貨期短，相關原物料的運送、加工、檢驗、報關的時程使整個供應鏈的作業密集度高而且彈性大，所提供的產品能掌握更好的上市時機（time to market），所以MIT的產品具有較強產業競爭力，容易爭取到大量的訂單。現在不一樣了，大陸的勞力成本低，而且擁有內銷市場的巨大商機，國際著名的生產與製造商都急於到大陸卡位。如果情勢持續加溫，各產業的主要供應商都集中到大陸，那麼，台灣本土的加工製造業便勢必須跟著移動。因此我的感受，外在經濟的情勢迫產業大量外移，因爲，外移對企業現有管理制度產生直接衝擊。已經外移的台灣企業，大都正經歷著文化差異、組織管理與法令規章的調適，要克服這些問題企業必須額外付出可觀的學習成本。」

重大政策不易推動

「的確，剛從大陸回來，你的感受會比較深刻，目前兩岸在政治與經濟議題上仍有很大的歧見，台灣政權的轉移並不如預期的順利，尤其有關當局對經濟問題仍無法提出具體措施，這不利於產業長期發展。全球正在經歷新經濟（new economy）發展的考驗，希望台灣有關當局能好好把握這次機會，在經濟政策與產業政策上做出明智的調整，不要忽視經濟體系的自我調整功能。由於，經濟環境是動態的，產業需要時間對外在環境的改變作出回應，政府不應操之過急。畢竟，大有爲的政府並不能解決眞正的經濟問題，反而常常使經濟情況更惡化。你可以回憶在七〇年代美國所經歷過的情況。」

產業型態調整

Adam教授用手接過Joanna所泡好的茶，並揮手示意我先要聞香再品嚐，他接著說，「隨著新經濟的快速演變，全球化的競爭與產業模式的調整，才是台灣未來所應面對的關鍵問題。簡單來說，我們所面臨的問題其實是產業體質如何轉換，以因應快速變化的新環境。」

「產業體質轉換？」我有點想不通，「現在我們的失業率嚴重，產業又不斷地外移，如果產業空洞化的問題發生，未來將無法與大陸競爭；另外，台灣的公共建設與相關法令制度都需要大幅改善，還有社會問題、環境與生態保育、勞工問題……等等失衡現象，在您看來是經濟發展的必經過程，並非經濟失調或社會亂象，事實是由於台灣正經歷產業體質轉換的陣痛期。」

「是的！」老師同意的點點頭。這茶好香，含入嘴裡甘甘的，很清新的味道。老師將我的茶杯再滿上。「謝謝！」，我接著問：「關於產業體質轉換，其實我還不能確切掌握您的意思，您是指新經濟模式下全球化產業競爭所強調的速度、彈性、知識化與創新嗎？」

「很接近」Adam把茶杯放回桌上，將熱水再沖入壺內，這是第三泡。

做生意的方式改變

「因爲科技與時代在改變，在哪裡做生意，已經不再是關鍵問題，重要的是如何做到生意，以及如何強化做到生意的能力，這就是我們所常提出的競爭力。在網路經濟來臨之前，訊息的傳遞大都是單向而有限的，像是透過電話或傳眞來溝通，溝通的方式缺乏互動性。傳統業務資訊的取得大多是靠業務員拜訪客戶，或客戶來電洽詢。以前Stephen的客戶就是將他們的需求先傳眞到香港，雙方透過電話進行確認，樣品完成後再以快遞送交客戶確認，樣品確認的過程通常會有數次往返，待訂貨數量、規格內容、交貨地點、交貨方式、付款方式與期限經過雙方確認後，訂購流程才算完成，整個訂購流程通常會花上四到十天，或是更久。正式生產之後，客戶只能再透過電話或傳眞，才能追蹤其訂單處理的進度。這種做生意的方式買賣雙方都很辛苦，效率也差。等到Stephen建好訂貨的網站之後，客戶透過網站可以查詢產品詳細的規格與圖樣，還可以在網站線上下單，彈指之間，訂單就可以得到確認，同時，客戶還可透過網站掌握個別訂單的處理進度。透過網站，客戶訂貨流程的時效性提高，客戶服務的能力得到加強；以往因爲業務人手有限，Stephen的客源大多集中在英國，現在只要連上網路，全世界都可以是Stephen的客戶。透過網站，Stephen所擁有的客群逐步的擴大，吸引了其他產業的注意，還因此簽下好幾個異業結盟的合作案，不但擴大其網站的服務內容，還創造出額外的商機。Stephen曾向我提起，他們最大的兩家競爭者也自動來洽談合作的方案。所以，你覺得他們在哪裡做生意重要嗎？」

企業競合關係改變

「我們現在所處的世界」Adam接著說，「網路科技與行動通信的進步，使市場上的供需雙方以前所未有的方式與速度進行溝通，客戶獨特或個別的需求容易得到滿足，相對的，廠商的生產過程也必須更具彈性，傳統單一規格的量產方式將有所改變。例如，在網路上可以依自己的需求與喜好塡好訂單，廠商便會依照客戶訂單的個別要求組裝其所需的電腦，再直接寄送到府。透過網站，客戶服務的內容更爲豐富、問題回應與處理時效提高，溝通管道更爲通暢，讓企業的客戶服務能力提高，較能滿足客戶間不同的需求。這種做生意的方式拉近了客戶與企業的距離，同樣的，企業與企業之間的關係也隨之快速變化。」

「老師，您指出的企業與企業的關係也會快速變化，是針對相一產業內供應鏈的整合，或是指不同產業間的異業合作？」我有點疑問。第三泡茶已經好了，我幫老師的茶杯也滿上。

「所謂企業與企業之間，我所強調的是競爭與合作的關係，產業中主要競爭者不但彼此激烈競爭，同時還可以合作。新經濟所帶來的是全球性的競合關係快速改變，像Stephen的經驗就是很好的參考。」

「所以，產業之間競合關係的改變，意味著市場中企業與企業之間遊戲規則的改變，也展現了新經濟模式下『速度、彈性』的特性，其影響不單僅限於企業與消費者之間的關係，還包括了企業與企業之間的異業合作與競合關係的改變，尤其，這種改變是全球性的」，我似乎瞭解老師所強調的重點了。

「網路與通訊科技使企業與企業之間供需雙方溝通的管道更爲暢通，供應鏈的整合在技術上逐步可行，整合供應鏈能夠有效改善產能並縮短回應市場的時間，這已經是必然的趨勢。」Adam注意了一下現在的時間，十一點三十分。接著問：「你提到新經濟模式下全球化產業競爭的四項特色，剛才我們已經提到『速度、彈性』，那你說一說對『知識化與創新』

的看法。」

新經濟——企業隱性資產的競爭

「嗯」，我想了一下，記得當時Stephen還要我在上海找人幫忙他們建構網站，而且印象中在推動時期還有不少問題發生，「當時幫Stephen建構網站時，我們得到Justin教授協助，指導我們規劃網站的遠景、目標、市場定位、功能以及相關作業如何配合。Justin教授特別交待Stephen公司內部的配合措施要與網站功能相搭配，才能發揮效用。所以，我們先與Stephen公司內部員工先進行研討，由改進作業流程議題著手，到研究流程電子化在技術上的可能性以及成本效益分析，待結論得到大多數員工支持之後，我們才依據規格去開發網站。當然在初期是花了很多心力才讓員工逐步瞭解電子化的好處，由於進出口與貿易產業的人員流動率很高，業務員走了往往會造成客源流失，貿易處理作業的複雜度雖然不高，但像資金調度與外匯操作需要有經驗的員工操作才放心，外包工廠的交涉與加工品質管理，新代理商品的談判技術，還有很多客戶服務的經驗，這些技術、經驗與知識都不容易保存，可是卻是Stephen公司取得訂單的重要關鍵。尤其，國外來的買主大多喜歡跟信得過的代理商作生意，任何一個環節出問題都會造成嚴重的後果。Stephen這幾年忙得滿頭白髮，他常常跟我抱怨，好不容易帶出個新手，作沒幾年就被挖角或是去創業成爲競爭者。人員一流失，公司內部的作業負荷與工作流程就陷入混亂，要花好久時間才能追上進度，眞不是人做的工作。他一直希望有方法能協助他創造一個分享的企業文化，所以他對員工一直很好，也鼓勵他們作經驗傳承。當然有少部分人還是持保守的態度，但經過我們側面的觀察，大部分的員工還是願意分享經驗，只是苦無方法與工具，而且缺少配套措施對知識的分享加以衡量與進行激勵。後來是他到Tony與John所服務的公司考察之後，才讓他能夠逐步掌握公司的智慧資產。當時爲了推動內部的知識管理，他還將人事考核制度配合Tony所建議知識管理措施加以調整，剛開始因爲本位主義造成某些部門的反彈，經過Stephen強力支持與持續推動，設立專責人員並編列預算，親自督導執行的進度，碰到困難就立刻調動資源來解決，向員工展現執行的決心。現在他總算有空打高爾夫球了，不必再擔心員工流失、工作移交與經驗傳承的問題，他還常常從中得到很多員工提出的改進方案，推動之後效果顯著。看來他的員工們都漸漸的樂在其中，因爲這和他們以前成立的社團或研究團隊有所不同，Tony所建議的作法是實務社群（practice of community），是可以讓眞正的專家以跨門的方式對關鍵議題進行辨證，所以能解決問題，經過驗證的解決方法與重要經驗都可以保存在知識庫。其他員工也可以參與，能夠在知識網路內快速找到解決方法。以前超時加班的情況非常嚴重，好像還有幾個員工做到生病，現在情況好很多了。」

我突然想起，「另外，Stephen的員工還可以提出創新的想法，透過幾個實務社群加以評估，如果眞的得到市場顯著的反映，提案團隊與個人都可享有超額分紅。最近他們剛開發的新產品項目就是由這樣來的，好像因此還接到幾筆大訂單呢。後來有不少人來請教Stephen如何管理知識，Stephen總是開宗明義說：『公司的資產需要管理，像會計管理、財務管理、總務管理、人事管理、資訊管理等，如果，企業內部的隱性知識能被發掘並成為公司的智慧資產，知識就必須管理』。」

「Stephen確實體驗了企業體質轉換，我很認同他所說的那段話」，Adam接著問：「Tony也會參加這次的聚會嗎?」，Adam起身示意Joanna來整理一下。

「Tony和John都會來參加。」我回答。

「很高興知道到你們都還保持連絡。現在時間差不多了，我知道你愛吃日本料理，其實我也喜愛精緻的餐點，我們先到餐廳，再邊吃邊聊。」Joanna幫我們叫的計程車已經到了樓下，此時，Adam與我彷彿又回到當年，一同走過這段歷史的長廊。

這是一家道地的日本料理店，老闆似乎與Adam很熟，所以服務員對我們也格外賣力。不一會，溫好的清酒與開胃的小菜立刻上桌。Adam向我表示，這家店不但所選用上等的食材、料理師傅的手藝與食物製作過程的衛生程序都讓他很放心。我也分享以前的一個經驗，有一次與女友同去行義路泡湯，在泡湯之前我們先點了些日本料理，由於人很多，我們用餐的位置只能安排在餐廳日本料理工作檯的後方，位置不大但透過餐桌右側圍幕玻璃，可以清楚的看到料理處理的過程，我們原想好好欣賞師父的手藝，增加用餐的情趣；卻發現廚房工作檯不但十分髒亂，料理食材隨地放置，最令人生畏的是那條的擦檯布，好像是他唯一的一條，不但用來擦拭工作檯，還當成抹布，用來擦拭黏在透明冷凍保存箱上的污漬與其他更髒的地方，更誇張的是，竟然在擦拭這些地方之後，不加清洗便直接再擦拭工作檯上新留下的食材。這一幕，我們兩人都傻了，看到一盤一盤料理從這個廚子手上完成，心想，「完了，剛才吃的蝦手卷，也是這樣作出來的……」。從此，我只到熟悉的日本料理店用餐。Adam安慰我，他表示這家店是絕不會用這種衛生習慣差的廚師。

很高興吃到道地的口味，在上海，我很想吃日本料理，但還是不敢。因爲，我知道同樣的事在這裡更容易發生。今天總算能嚐嚐這美味的口感，新鮮的食材，安全又衛生，這都是讓我能享受美味的前提。Adam點了很多這家店著名的料理，雖然這不是懷石料理，但是色、香、味樣樣都很棒。

企業成長的驅動力

「剛才我們有提到新經濟，速度、彈性、知識化、創新這四項特性，我也指出，產業體質轉換才是最重要的問題，不過體質轉換是很大的工程，這可比企業流程改造還複雜，因為我們現在知道企業智慧資產的重要，而且也有方法來保存與運用這些實務知識。不過這些都還只是表象，你能試想這背後的趨動力是什麼嗎？」，Adam還是像以前一樣，很喜歡跟我們討論，他不會馬上告訴我們對或錯，因為很多事無法單純用對或錯來界定。Adam一直強調「關鍵在於我們思考的方向是否偏離議題核心，因為前提一旦改變，答案也會改變。」

「老師，您問的這個問題，我一直在思考，試著從策略思考的方向研究這些趨動力的本質。因為傳統上，策略方向大多偏重於企業如何因應對外部環境的改變與市場競爭的行動，像SWOT分析、BCG模式，還有強調競爭優勢的Porter五力分析。現在大家還是利用這些方式協助找尋適合的市場定位。可是從協助Stephen建構網站的經驗，我深深覺得企業如何發掘、累積、分享、學習與創造的獨特能力才是更重要的問題。因爲即使我們找出適合的市場定位，如果企業缺乏達到該市場位置的能力，這些仍是無效的決策」。我幫Adam滿上一杯清酒，敬他一杯。接著問：「老師，您是以什麼角度來思考這個問題。」

企業經營能力反映在價值活動上

「其實，追求利潤是經營企業的本質，透過經營活動於是企業能創造價值。企業的經營能力則展現在這些創造價值的活動中，Porter提出價值鏈的概念能夠反映這樣的關係，這是我們第一個前提。這種企業經營能力包含了顯性與隱性能力，當然也有學者以資產的角度來分析。剛才你所提到企業的獨特能力便包含在這個前提內」。Adam也幫我將清酒滿上，接著問：「另外，你認爲市場上爲什麼有競爭？」

我回答：「因爲，有很多相同或類似的產品，也就是同質產品，可以供我們選擇。」

「你說的沒錯，由於消費者能夠取得功能相符的產品或是替代品，透過自由市場的價格機制與供需法則，市場就有了競爭。你用的手機是什麼牌子？」

「諾基亞，我看過別的廠牌與款式，相對來說諾基亞雖然有點貴，不過我還是選擇了這款手機，大概是受了廣告的影響吧，我很喜歡藍色夜光的廣告。」由於，我愛看廣告，還很喜歡跟別人討論廣告，所以經常會受到吸引，因此花了不少冤枉錢。

市場競爭的趨動力——消費偏好

「所以」，Adam笑著說：「這就對了，選擇是促成市場競爭的機制，這包含了兩種選擇，第一種是產品差異性，就是同質產品與替代品；另一種是消費者的偏好，就是品牌與功能偏好。企業擬定各項策略，分析主要消費群體的偏好，然後花大錢打廣告、找代言人、標新立異，創造出產品差異性，建立主要消費群對產品價值的認同，進而獲取利潤，進入預期的市場地位。這就是大部分企業經營活動的實況。我們雖然提到功能差異性和消費者偏好，由於產品差異性也是取決於消費者的認定，這部分便可以簡化，將消費者偏好與功能差異性歸納爲消費偏好。因此，第二個前提是消費偏好趨動市場的競爭。像我這支香蕉機，雖然有點重，可是對我來說功能已經足夠，所以也不會想去換它。」Adam順手搖搖他那支手機。

服務小姐又送上新的料理，是一條烤得很香的魚。Adam示意我趁熱吃。

Adam接著強調：「另外，科技的革新與產品的品質也會影響消費偏好。我們透過這兩個前提來切入，廣義來分析問題，一個代表了市場上供給方的能力，另一個則代表市場上需求方的特性，供給與需求雙方透過價格機制與供需法則的運作，便反映出企業營運的場景。傳統上，企業決策與經營管理還是偏重分析組織的外部因素，比如一九七〇年代Boston Consulting Group提出的『BCG模型』、Michael E. Porter在一九八〇年所提出的『產業結構分析』、Andrews提出的『SWOT分析模式』。由於科技革新的速度加快，外在環境的變化越來越無法預測，企業策略的制定往往趕不上外部環境變化的速度，因此，偏重外部分析的方法逐漸受到挑戰，學者與產業界的研究焦點逐漸由強調企業的外部定位（positioning）移轉，認爲企業所具備的獨特能力才是競爭優勢的基礎。Collis與Montgomery便認爲『更重要的問題是如何發掘、創造、及累積企業具有的獨特能力，以建立企業可持久的競爭優勢』。爲了能夠『平衡』企業外部因素分析與內部因素的分析，透過財務、顧客、企業內部流程、學習與成長等四個構面，Robert Kaplan與Nolan Norton提出『平衡計分卡（Balanced Scorecard, BSC）分析模式』，另外，以強調組織應培植、發展其獨特的資源，並依其特性採用適合的策略，以取得競爭優勢的『資源基礎模式』（resource based model），也逐漸成爲重要的理論。」

我幫Adam夾了一塊魚，是魚腹的部位，我知道他吃烤魚時最喜愛這個部位。順便把新鮮的檸檬片也靠過去。服務人員繼續上其他的菜，令人目不暇給，這也是吃日本料理的另一種享受。

「所以，思考企業成長的趨動力，必須兼顧組織的外部與內部因素，因爲企業之間的競爭是源自於消費者的選擇，所以，我們以消費偏好代表廣義的企業外部因素，也代表市場上，需求方的選擇。另一方面，企業經營能力反映在創造價值的活動中，尤其是企業的獨特能力，我們便採用經營能力代表企業內部因素，也代表市場上供給的能力（或是滿足功能需求與消費偏好的能力）。透過『消費偏好』與『經營能力』這兩個方面來切入問題，就較能分析、發掘出企業的核心競爭力，並找出適合的策略加以強化，以協助企業建立可持續的獨特競爭優勢。」

「所以，您認爲必須在這兩個前提下思考，才容易找出趨動企業成長的獨特能力，也就是核心競爭力」，我覺得漸漸能夠跟上Adam的思路。

「外在環境的變化越來越快，學界與產業界發現，企業的獨特能力才是競爭優勢的基礎，對核心競爭力的研究近年來愈加受到重視。經過研究的努力，我們比較清楚這些獨特

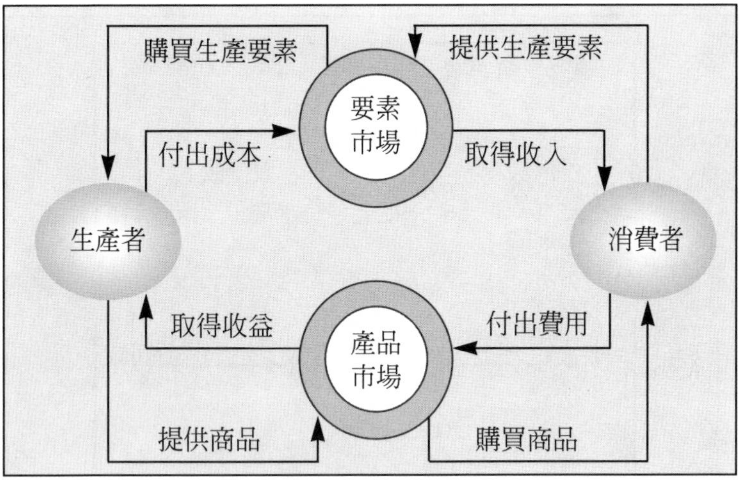

圖1　經濟循環圖

能力有那些項目，但對該項目爲何能成爲企業的核心競爭力的因果關係則仍有待研究，這還需要更多實證的研究，另外，應如何有系統地將這些獨特能力分類，也尚未有定論。」

「那是否還有其他的方式，能夠協助我們加深對企業核心競爭力的瞭解呢？」，我相信老師一定有方法。自從擔任Adam的研究助理，我知道他通常不會直接告訴我們結果，他比較喜歡大家用問的，因爲經過思考之後，才能眞正的吸收。

經濟循環——競爭優勢的全貌

「既然要研究競爭優勢，我們必須從經濟循環來看問題。」Adam向服務生要了幾張紙。在第一張紙畫上一個經濟循環的圖。（圖1）

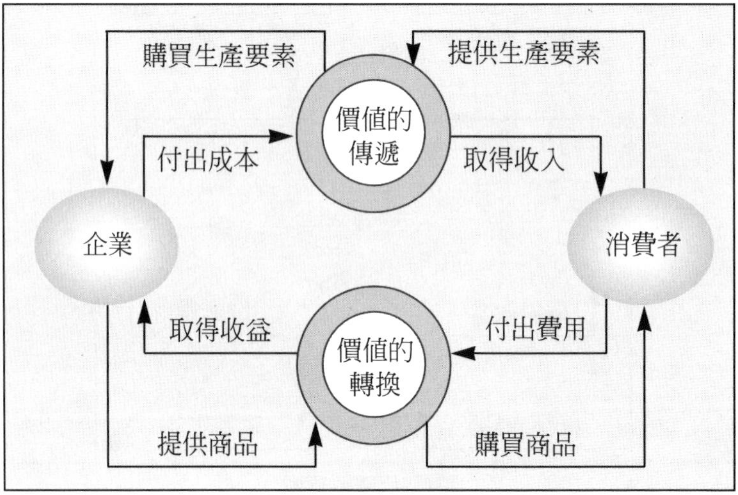

圖2　價值循環圖

經濟循環圖所表現的是生產者與消費者間的互動過程，一、企業透過「要素市場」取得生產要素，並提供產品或服務到「產品市場」；二、消費者自「產品市場」取得企業所製造的產品，並提供各種生產要素到「要素市場」。生產者與消費者在「產品市場」與「要素市場」間互動所形成的循環，就形成基本的經濟循環。

「在傳統上，我們以企業與消費者角度來看問題」，Adam畫完第一張之後，接著畫第二張。（圖2）

「現在，我們試著改用『價值』的角度，重新檢視經濟循環」。服務人員立刻過來整理桌面，順便幫我們換上熱茶。

我側身靠過去，仔細看著Adam所畫的第二張圖。基本上兩張圖是完全相同，只是圖上的文字有差異。「價值的角度？」我在心裡默想。

「你還記得Porter提出的價值鏈吧。」

「還記得」，我點點頭。

「透過『價值』的角度，我們可以把『要素市場』視爲『價值的傳遞』，資源持有者將生產要素的價值傳遞給企業（也就是效用提供者）並取得酬勞，企業則取得有價值的生產要素。另一方面，效用提供者將各種生產要素的功能與效用加以轉換（轉換的過程就是Porter提出的價值鏈），有效地轉換過程能使最終產品的效用與功能符合消費者的偏好與需要，並在市場上獲取利益，消費者則取得產品的功能與效用，也就是產品的價值。所以，『產品市場』可以用『價值的轉換』的概念來代表」，Adam開始解釋。可是，我對於第二張圖上爲何將原有的『產品供給』改爲『價值供給』仍然有點疑惑，而且，Adam提到生產要素的功能和效用，與產品價值的關係還需要再澄清。於是我想了想，「老師，對於價值供給這部分，能請您再解釋嗎？」

產品價值是效用與功能的組合

「這部分確實需要釐清」，Adam喝一口茶，說道：「比方說，如果你現在要買雙球鞋，雖球鞋大部分的材質是橡膠，但你一定不會去買橡膠，你需要的是球鞋，並不僅是橡膠。所以，橡膠（生產要素），你需要它的『功能』，但單純的橡膠卻無法提供球鞋的『效用』，你需要的效用是透過製造商的生產與銷售過程所產生，這個過程按Porter的說法就是價值鏈。假設，你選中某雙球鞋，覺得它合腳型、質輕、款式好，樣樣都符合需求，這雙鞋對你的價值就是橡膠與布的功能，再加上符合你需求的各種效用。所以對消費者而言，『價值』是由生產要素的『功能』與價值鏈所創造出的『效用』所組成，因此，我們將『生產者』改稱爲『效用提供者』，而『產品供給』則改稱爲『價值供給』。」

按照Adam所解釋，消費偏好是市場競爭的趨動力，所以在價值轉換的過程，如果能夠精確掌握消費偏好，生產者便具有競爭優勢。生產者的經營能力則反映在價值傳遞與價值轉換的過程。看著桌上放著的第二張圖，感覺好像似懂非懂，「老師，關於您提到的兩個前提以及價值傳遞和價值轉換，它們與企業核心競爭力的關係，能找到生活化的例子來解釋嗎」？我幫Adam添上一些熱茶。

核心競爭力——企業具有獨特且不易被競爭者模仿的能力

「剛才我提到『透過消費偏好與經營能力這兩個方面來切入問題，就較能分析、發掘出企業的核心競爭力，並找出適合的策略加以強化，以協助企業建立可持續的獨特競爭優勢。』爲了更清楚說明，我再解釋一下，能達到競爭優勢的項目可歸納爲企業經營能力（Business Competence），這便包含了顯性與隱性的能力。企業經營能力中具有獨特且不易被競爭者模仿的項目，才稱爲核心競爭力（core competence）」。

Adam接著想了一想，「有一部電影，中文片名是《男人百分百》（*What woman wants?*），不知道你是否看過？」

「有，很好看」，我還是跟女朋友一起去看呢。

「這部片子的劇情是描述男主角因爲意外，取得能讀取女性各種想法的能力，剛開始男主角很緊張以爲自己瘋了，而且也不知道如何善用這項能力，當他瞭解這項能力的用途後，便利用這項能力，擊敗他主要的競爭對手，最後這項能力又突然消失。你知道我想說什麼嗎？」

我想我知道他的意思，整理一下思緒，我回答：「企業的核心競爭力需要經過分析、發掘，並找出適合的策略加以強化，使競爭優勢可持續、能長久。」

強化核心競爭力三項要素——作業流程、品質、知識管理

Adam笑著回答：「所以，我們需要以價值的角度來檢視經濟循環，透過價值傳遞與轉換的過程，協助我們分析並發掘企業的核心競爭力」。停頓了一下，Adam接著說：「如果，企業的核心競爭力，如同電影中男主角的獨特能力是意外產生，也會突然失去。」

「以管理的觀點來看，那將會是場大災難」，我接著說。

Adam點點頭，「是的，所以你認爲應如何強化企業的核心競爭力？」

「嗯…」，我覺得應當由價值的觀點出發，思考這個問題。

「你覺得價值傳遞與價值轉換之間有沒有共同之處？」Adam開始暗示我。

「哦…」，結果我還是沒想到。

Adam補充說明：「企業達到競爭優勢的項目有很多，像Aaker在西元一九八九年就提

出三十多項指標，其中包括了品牌形象、顧客服務／產品支援、配銷規模與地點、效率與顧客化的彈性生產、技術人才、技術創新、企業知識、策略目標、有效的廣告、有效的銷售、良好的協調、緊密的配銷關係、財務資源、市場區隔。」他一邊說也順便幫我添上熱茶。

價值傳遞與價值轉換的過程，本質上是價值鏈概念的延伸，所以，如何使作業流程更有效率是價值鏈的關鍵因素，這部分可歸類爲企業的顯性資產。另外，在價值轉換過程中企業的隱性資產，也就是企業的知識，能創造消費者所需要的效用。想到了，我回答：「作業流程與知識」。

品質效益能對企業最終利潤產生最佳貢獻

Adam笑了笑，「你指出的作業流程和知識都是正確的，但你忽略了一項，就是品質。而且我們這裡所說的品質不僅指作業流程或功能的品質要求，我所強調的是品質的效益。」

果然，還是老師的功力高深，品質確實重要。回想當初我們在協助許多單位推動系統開發專案時，必須進行各項測試，而測試所花的時間通常是開發時間的三倍，花這麼多時間測試的目的就是爲了確保系統功能符合要求。但這似乎又與Adam所強調品質的效益有所不同，所以，我認爲應該想清楚，弄明白，我問：「老師，能請您再解釋嗎？」

「比方說，企業原本製造A產品的過程中，瑕疵品所占的平均比率是百分之四，假設企業期望這個比率能降到百分之三點二，於是企業開始針對這個品質要求的目標，推動各項措施與設備更新，實際上，這項品質要求可能對企業利潤沒什麼顯著的影響，像這種純粹以品質要求爲出發點，就是傳統品管的作法。現在相同的情況，讓我們換個角度來思考，企業以最終利潤的影響程度來檢視整個流程，結果發現應該改善的是A產品製造過程的進貨檢驗程序，因爲改善進貨檢驗程序能使最終利潤得到最佳結果，這種作法的好處是，在進貨檢驗程序改善之前，企業已能預估這項措施將對利潤所產生的貢獻。運作這種作法，能協助組織診斷各項改善措施的必要性與優先次序，使企業珍貴的資源用在刀口上，對利潤產生直接貢獻。採用這種角度思考所產生的效益，我們稱之爲品質的效益。品質的效益強調企業應注重品質改善對利潤產生的直接貢獻，在作法上與傳統單純以品質要求爲出發點的作法有很大的不同，因爲品質要求往往只能專注於達成特定作業數據的改善，但品質的效益卻能對企業利潤產生最佳的貢獻」。Adam注意了一下時間，並示意服務生準備結帳。

「據我所知，Jennifer這次到美國受訓，就是參加與品質效益有關的課程。這套方法是由Motorola公司最先研究發展，我想你們可以與Jennifer連絡，作更深入的討論」。Adam接著說：「利用產業結構分析與價值鏈來協助企業的訂定競爭策略，以形成維持競爭優勢的策略理論，是我們傳統上策略管理的基礎。今天，我們從價值的角度來檢視經濟循環，透過消費偏好與經營能力切入問題，指出企業體質轉換的關鍵是在於企業能否強化其核心競爭力。另外，我們也討論到作業流程、品質與知識管理是強化企業競爭力的三項要素。」服務生拿來帳單，Adam以信用卡結帳。

正在等候結帳的時候，我接著問：「老師，可是我們如何分析與發掘企業的核心競爭力呢？」。

Adam回答：「恰好，今天下午我有一堂課，主題就是討論如何分析與發掘企業核心競爭力，如果你時間允許的話，歡迎回來看看你的小學弟妹們。」

我心想：「還好我有接著問，看來今天又可以學到新招式了。」

第一章　核心競爭優勢

回到研究室，Joanna將今天下午課程的時間與教室位置抄給我。滿腦子還是剛才與老師交談的內容，很希望能快點得到答案，但是我瞭解Adam的習慣，他一定會在課程之前將授課內容再複習一次，所以，我想可以自行先到教室。

穿過熟悉的校園，左側是新剪過的草皮與運動場，多日連綿細雨總算盼得好天氣。嗯，迎面一股清新的芳草香，有些球隊在場上練球，也有許多孩童與父母一同在運動場上享受難得初晴陽光。經過一樓的窗廊再走不遠，上課的教室就在眼前，我覺得應該把西裝外套脫掉並將標籤遮住，再把袖子捲起，儘量像個學生的樣子，但仍無法抹去歲月已留下的印痕，只好努力堆起童稚的笑臉，以免讓學弟妹們將我誤認爲高中老師。

進了教室，找了個不起眼的角落，安心坐下，我注意看了Joanna給的字條，今天好像是這門課的第一次上課。

教室內充滿學生的交談與笑聲，主要是交流放假期間發生的各種趣事。過了廿多分鐘，Adam 帶著幾本書與筆記本走進教室，雖然大部分學生已經坐回位置，教室內的氣氛仍舊熱絡。Adam在講台上放好自己的東西，轉身在白板寫上：「我要回答這個問題，必須比平常說更多的話，卻說出比平常更少的意義。」，並在署名的部分畫上個問號，顯然是要讓學生來猜猜是誰說過這段話，這段文字顯然吸引大家的注意，教室逐漸安靜。Adam簡短的自我介紹之後，問道：「是誰說過這段話，有誰猜出來了嗎？」教室的討論氣氛再次升溫。

班代表將Joanna印好的參考書目與課程須知發給學生，在大家傳文件的同時，Adam說道：「雖然，你們是第一次上這門課，但相信你們已經知道我一貫的作法，今天我們會將這門課的主要觀念講完，接下來的時間則由你們分組，以小組的方式進行分組討論並完成指定的研究報告，本學期有兩次考試都可以帶參考書，考試的主題會涵蓋課程所討論的重點以及你們應具備的知識，這就是本課程的進行方式。」稍稍停頓一下，Adam接著問道：「對課程進行的方式有誰有疑問嗎，現在可以提出？」此時，他以溫和的目光逐一檢視全教室的學生。

過了一會，Adam說：「如果沒有，就讓我們開始吧」，便轉身將白板清理，有些學生拿出筆記本，有些學生則將小錄音機準備好。不覺竟然發現，Adam的頭髮已經全白了。

新課程——如何分析與發掘企業核心競爭力

Adam開始講課，「如何分析與發掘企業核心競爭力是這門課的主題。首先，我們來作個調查」，他把手機拿出放在講台上，「請班代表協助統計一下全班同學使用的手機廠牌、型號與數量」。班代表立刻上講台指揮同學如何進行這項調查，過了一會便在白板上記下調查的結果，依照手機廠牌、型號與數量以「正」字符號作標記，這項工作很快地完成了。在白板上的調查表，很明顯地看出某幾款手機的數量較多，在調查表上Adam使用的手機沒有任何標記。Adam笑著舉起在講台上的手機，說：「我想，這是在這間教室內唯一的『香蕉』了。」此時，教室內的氣氛明顯的又活潑了。

「這是你們抽樣調查的結果，很明顯的某幾款手機有較多人使用，其實手機的主要功能是通訊，雖然手機的功能大致相同，但卻有不少人選擇價格較貴的手機。這些數字裡面似乎透露些什麼，有誰願意與大家分享嗎？」Adam問。教室內開始傳來不斷的耳語交談聲。

消費者的偏好

坐在第四排，穿白色Polo休閒衫的同學，舉手回答：「我想是由於製造商會針對不同消費群的偏好進行研究，所以能夠在相類似的功能中，創造出競爭優勢。因為，他們會研究我們的背景與消費特性，這是我在利用假期參與市場調查工作，所得到的個人經驗」。

Adam點點頭，接著問：「還有別人願意分享嗎？」一位穿著亮眼，身材高挑的女生，坐在第三排，跟著回答：「其實，我們在採購之前經常會與好朋友溝通、商量，這是我們女孩子普遍的習慣，而且我們還常常會研究各種雜誌與廣告，不過現在廣告對我們的影響不會像高中時代那樣明顯，當然有些人是『哈日族』或『名牌族』，這自然另當別論。我想，價格往往不是影響我們採購的最主要因素，整體的質感與收訊品質才是我們最在意的」，女生想了一下，「可是我們女生在買衣服卻有點不同，當我們還很理性時，雖然明明很愛某件衣服，我們是會一直忍耐，總要等到專櫃打到對折左右才肯掏錢來買；但是，當我們變成非常感性的時候，可就很快地能把信用卡刷爆呢！」，Adam接著說：「妳是說『血拼』，shopping嗎？」班上開始笑聲不斷。

我想那些信用卡經常被女友刷爆的男生，更能體會她所說「感性」的意義喔。

「老師」，坐在我左前方的大個子男生發言，「雖然有幾款手機的功能相近，但其實產品之間差別還是十分明顯，像我原本非常不喜歡手機的那根天線，可是當鯊魚機上市之後，突然覺得它和其他的款式不一樣，好看多了，而且除了裝酷還可以防無聊喔」！教室又爆出笑聲，等到同學們笑聲稍歇，大個子接著說：「手機的外殼與配件都可以自行更換，讓我們可以隨意修飾自己的手機，另外，像來電的音樂鈴聲與顯示圖像都可以直接下載，大家互相可以比酷比炫。我有個朋友還花了二十幾個鐘頭來特別繪製自己手機的顯示圖像呢！所以，我相信未來，這種個人化的彈性功能是絕對需要的。像我當初買這支手機」，他把手機舉起到全班都可以看到的高度，「就是因爲有這個功能，而且還可以聽聲辨人，因爲熱賣造成缺貨，讓我等了好久才拿到貨」。坐在第一排靠門口的男生接著說：「老師，有句廣告標語說得不錯：『科技來自於人性』，其實別單看手機的款式，眞正握在手裡的質感與按鍵的設計與操作的方便性，才是眞正的大學問。像電話簿能否有中文輸入，是否有快速按鍵，功能選單的按鍵操作，按鍵的大小與質料，以及顯示螢幕的尺寸與能顯示多少行的訊息內容……等等，都是我們評比手機功能的項目」，他稍微換口氣，「另外，像手機的重量與尺寸大小，男生與女生在選擇時也會有不同的考量。想像一下，我們在路上看到一位孔武有力的壯漢，用兩指無力地輕輕掐著那薄薄的紅色小手機，這場景還能看嗎！所以囉，對於不同消費群的特性，對手機的偏好就是不同，這是研究消費群體與產品市場區隔時最重要的切入點，因爲透過對不同消費特性的抽樣調查與統計分析，再配合消費紀錄，便能夠反映各個消費群體的獨特偏好。」聽到這裡，Adam問他：「請問您目前從事的行業別？」他回答：「我負責的工作是分析信用卡的消費紀錄，大學的主修是統計。」Adam知道他是在職進修的學生後，便鼓勵其他在職進修的學生也能參與發言。

Adam所開的課程不但在學校得到學生的歡迎，在產業界也受到很多的關注，不少企業甚至出錢派員來進修，並指明要參加Adam所指導的課程。

很快的，另一位在職進修的學員有所回應，「老師，另外，像手機本身的安全性，例如，電磁波對人體的影響以及是否有得到國際安全認證，都是消費者在選購手機時應該注意的事項。在我個人從事於手機製造的品質管制與檢測的工作，確實體會到若是生產的組裝流程與品質管理有瑕疵的話，對於消費者與企業都會造成很大的傷害。曾經發生過某一型號的產品因爲配件的瑕疵，造成消費者受到傷害，雖然事後加以補救解決了相關的問題，但該款手機的銷售量便從此一蹶不振，直到下市為止；所以，我個人認為企業的管理與營運能力也會影響到消費者對產品品質的信心，而這種效應便會直接反應到市場上。」

等他說完之後，Adam很快地環視整個教室的學員，確定暫時沒人要發言後，開始進行歸納：「經過剛才的分享，我們從簡單的抽樣結果，也就是在這些數據」，他順手指著白板上的統計結果，「為何這幾款價格較高的手機卻反而得到較多消費者的青睞？」，Adam停頓了一下，接著說：「你們有人提出了消費者的性別、年齡層與背景上的差異，也有人提到產品本身的差異性，最後還有人提到消費者對經營能力（competency）所形成品質信心，各位所提到的都是正確的。在討論的過程中，各位一定可以感受到，事實上，不論是基於使用者或是產品的差異，還是品質的信心，真正的重點在於廠商積極避免價格競爭，主要的手段不外是將產品與其他競爭者作出區隔，使自己免於價格競爭的壓力，一旦能夠成功達到這個目標，便能成為經濟學家所謂的價格創造者（price-maker），藉以在市場上得到可觀的利潤。」

Adam等全班學員的思路都跟上他之後，「我舉個例子，相信你們有些人也喜愛刨冰。同樣在賣芒果冰，在永康街有一家店，雖然這家店的價格比競爭對手高出很多，但生意卻是最興旺的。由於這家店可以創造價格，老闆才能在短短幾年內單靠賣芒果冰就賺進了超過二千萬以上的利潤，因此，我們可以說這家店可算是芒果冰市場的價格創造者。」Adam進一步分析：「經濟學者指出，價格是產品價值在市場上的貨幣表現。所以，若由生產者帶給消費者的產品價值之觀點來探討，通常市場中的價格創造者能夠創造較高的產品價值。」

「接著我們就要思考：為什麼價格創造者能夠創造較高的產品價值？為什麼他們能夠在激烈的競爭中取得競爭優勢？或著說我們如何分析與發掘企業的核心競爭力。」

以溫和的目光再次環顧教室內的學員，Adam準備進入正題：「利潤是企業經營的主要目標，而且要追求『最大可能利潤』，如同在經濟學者所闡述的過程，因此，企業取得競爭優勢就是為了要追求『最大可能利潤』。」接著他轉身在白板上寫上：

【利潤等於收入總額扣除成本總額】

「當我們分析企業的核心競爭力時，這是最主要的觀念。」

影響利潤的要素

產業結構

「企業所處的產業結構會影響企業獲取利潤的方式。所以，經營者想要作出明智的決策，他就得先知道公司所處產業的結構。經由同業中公司的數目、產品的種類與新品牌加入產業的容易程度這三個構面，我們可以將產業結構分類爲：完全競爭、獨占、獨占性競爭、寡占。你們應該還記得，完全競爭市場中，由於各家廠商的產品大都雷同，消費者可以選擇的供應商很多，因此廠商在提高價格後很難做到生意。在獨占市場中，供應者可以利用掌握關鍵性的原料、公司的規模大小或是政府經營許可的管制，形成進入市場的障礙，藉此賺取獨占性的利潤。舉幾個例子，在台灣電信自由化之前，要向電信局申辦新機便要收取數萬元的費用，等到固網執照開放後，現在只要幾千元就可以申辦新機，這就是獨占市場的例子。至於，獨占性競爭市場則由於各家公司的產品都稍有不同，就比較不像獨占市場那麼極端，像汽車零售業、餐飲業、美容業都算是獨占性競爭市場，這種產業的特色在於公司有很多，而且每一家都提供與其他公司『稍有不同』的產品，你們所用的手機就是很好的例子。絕大多數我們日常所接觸的公司與店鋪都屬於這種產業結構。」

「另外，如果市場中賣方的數量很少，但主要的市場卻由少數的幾家大公司所主宰，也就是說每一家公司的行爲對於其他公司都有不可輕乎的影響，這就是經濟學者所稱的寡占市場，像航空製造業、汽車製造業、啤酒製造業、香菸製造業等都是典形的例子。在寡占市場中，由於廠商彼此間相互影響的程度很高，所以通常會有價格領導者的產生，產生的過程會經歷很有趣的互動，現實生活中我們常常能在電視或媒體上看到這個過程。處於這樣的市場結構，由於相互間的依存程度很高，廠商之間會積極地避免價格競爭。」

「除了市場結構會影響企業的獲取利潤方式之外，由於新經濟時代的來臨，產業專業知識也逐漸成爲新的進入障礙，成爲廠商企圖控制市場，賺取更多利潤的重要工具，尤其是化學、航太、生物化學、遺傳工程等產業，這種趨勢越來越明顯。」

需求的價格彈性

「除了產業結構的因素之外，企業決策者還必須知道價格變動對產品銷售量的影響，也就是價格彈性，如果市場需求量對價格變動的反應相當敏銳，這便是有價格彈性的需求。瞭解市場上價格變化對產品需求量的影響程度是很重要的，因爲這樣就可以知道價格變動會對總收入造成的影響。因爲我們必須提防競爭對手突然進行價格戰。」

「影響需求的價格彈性有哪些因素呢？有兩個主要因素影響市場需求的價格彈性，第一是替代效果，第二是所得效果。如果，產品的價格對消費者的預算形成巨大的負擔，或是有功能類似的替代品，這種產品的需求就很可能屬於有價格彈性的需求，其需求量的變化程度大於價格變化的程度，所以，降價往往可以增加收入。」

「其實，在市場中進行價格競爭有時候還是必要的，但不見得率先降價的公司會得到最大獲益，降價的學問在於價格調整時機與方式，就像我手上這款Nokia 8148」，Adam再舉起放在講台上的香蕉機，「這場價格競爭的過程是這樣的，在一九九八年之前，即使各家民營電話公司競爭十分激烈，但彼此在手機市場上有共同的默契，希望能維持手機的價格，雖然這些民營業者透過各種促銷方案，極力吸引中華電信原有的客戶，但還是很少在市場上與中華電信進行直接衝突，不過在一九九八年七月一日，和信電訊針對中華電信原有的090、0932用戶推出設定費與月租費全免的促銷方案，並且將Nokia 8148與Motorola StarTac兩款手機特價供應，在市場上進行價格競爭。其他業者自然也同步跟進，剛好，台灣大哥大與和信電訊所促銷的是同款手機，只是台灣大哥大所賣的Nokia 8148是一萬三千多元，比和信電訊的Nokia 8148促銷價還高了八百元，在市場上興起手機的價格戰，三天後，和信電訊更進一步將Nokia 8148套餐降至比台灣大哥大還便宜將近四千元的差距。」

「問題就來了，台灣大哥大當時有超過三萬五千台以上的Nokia 8148的存貨，如果眞被和信電訊的價格戰打倒，讓這些存貨變成賣不出去的庫存品，換算成本之後，台灣大哥大將會損失至少二億至三億元，這可是很嚴重的問題。大家想想，同一款手機，透過相同的銷售通路鋪貨，在這種情形下，合理的作法是，台灣大哥大應該馬上跟進宣布降價，甚至低於和信電訊的促銷價九千九百元。當時市場上甚至還有傳言，台灣大哥大會以六千六百元的價格來反擊」Adam喝一口水，學員們都聚精會神。

Adam接著說：「台灣大哥大降價，和信的反應可能是再降，那麼台灣大哥大是否還要再跟下去？如果跟，這就會演變爲經濟學者所稱的『流血競爭、兩敗俱傷』，如果不跟，二億到三億的存貨成本如何吸收。」

「台灣大哥大在兩天後宣布，Nokia 8148維持原有零售價格，分文不降！但是卻調整經銷通路的經銷價，將經銷價格降爲九千元，並且先前已經出貨的Nokia 8148其差額照樣退回。同時，還將所有預訂的促銷廣告計畫取消，讓檯面上只剩下和信電訊獨自表演。」

「結果，台灣大哥大的Nokia 8148手機在不到一個月的時間內，迅速出清，進帳結算後台灣大哥大獲利接近三億多元。」

「率先發起手機價格戰的和信電訊，由於當時的銷貨通路還沒有進軍中南部地區，反而在中南部地區形成搶購台灣大哥大便宜手機的風潮，結果和信電訊這邊較便宜的Nokia 8148卻花了好幾個月才清空存貨，而且在這期間還必須不斷降價求售。」

寡占市場的競爭方式

Adam話鋒一轉：「讓我們思考一下。如果你的企業處於寡占市場，在決定如何取得競爭優勢時，你會選擇那些競爭方式。」第一排靠門口的男生：「廣告，我會試著運用廣告與媒體的影響力來跟對手競爭」。「老師」，坐在我左前方的大個子男生再次發言：「除了廣告之外，我應該會希望突顯產品之間的市場定位與主要差別。」Adam詢問：「除了廣告和產品定位之外，還有其他競爭的方式嗎？」過了一會，另一位女學員發言：「事實上，我們提供的客戶服務也很重要，就是客戶關係管理，這其中也包含了售後服務的重要性。」另一位男學員接著說：「產品品質，這也會是競爭的重要關鍵。」

「很好，你們已經想到了幾種非價格性競爭的方式，廣告、產品定位、差異化以及品質與售後服務。剛才我們有提到收入扣除成本之後的餘額才是企業的利潤，根據這個前提，還有人能想到其他的競爭方式嗎？」

決定利潤的要素——經營能力

前面一位在職進修的學員發言：「經營能力，或著說企業的體質，也可以成為競爭方式。因為體質好的企業才能讓成本總額有效地降低，通常來說，由於市場競爭，企業的收入不容易迅速提高，所以，利潤的取得主要還是靠有效降低成本，體質健全的企業才容易控制營運成本，進而有效地提高利潤。除此之外，外在環境變化速度越來越快，能夠適應外在改變才能生存，這就必須仰仗健全的經營能力。」

Adam 加以引申：「有效降低成本確實是企業提高利潤最直接的方式。企業有良好的體質，一方面能控制營運成本，使利潤相對地提高，另一方面，能夠因應外在環境改變，並且在產品與技術上創新，企業較容易取得競爭優勢，進而增加收入達到提高利潤的目標。」

「為什麼要特別強調經營能力呢？因為，企業面臨到的問題經常是明明知道有危機，卻查不出危機的原因，以及化解危機的方法，所以，企業在面對新經濟時代的挑戰，更應當強化企業的能力，尤其是核心競爭力。」

「在剛才價格競爭的例子，雖然台灣大哥大勝出，但與預期獲利的四億多元相較，仍然損失了將近一億元的收入。在這個案例中，我們要注意的是台灣大哥大能夠在短短二天內迅速地反應制定正確的決策，確實相當不容易，相對地，和信電訊原本在這場價格戰中雖然是先發制人，但最終卻反而受制於人，這就突顯了經營能力的重要性。在這場競爭中，雙方都採用最頂尖的人才，在相同的產品上競爭，但卻在關鍵的作業流程使局勢逆轉。」

決定經營能力的三項要素——作業流程、產品、人才

「經營能力有哪些形式呢?」

「舉幾個例子，對軟體研發產業，像是Microsoft的軟體開發流程與行銷管理，對半導體製造業，像生產製造流程與專業分工，對主機板製造產業，像是品管流程與技術創新能力，對餐飲服務產業，像是Macdonald的全球連鎖經營、店面管理制度與生產配送機制，對外貿產業，像是客戶關係管理與代理權管理……等等。另外，再舉幾個與成功產銷能力有

關的案例：『自然就是美』，讓你可以很容易聯想到美容業、『感冒用斯斯』，讓品牌形象直接與功能連結、『老鳥與菜鳥業務員的手機廣告』，傳達十分親切的族群與地域認同、『苦力生活與蠻牛』，表達精力充沛的直接印象。企業能夠創造出這些經典的案例，必須有靠經營能力做後盾，企業經營能力必須透過：『作業流程』、『產品』與『人才』所共同組織方能有效發揮，缺一不可。」接著，Adam在白板上寫第二段重點：

【作業流程，產品，人才—是決定經營能力的三項要素】

「我們要分析企業的核心競爭力，這是第二個重要概念。」

分析核心競爭力，必須兼顧組織的外部與內部因素

「傳統上，企業決策與經營管理還是偏重分析組織的外部因素，比如一九七〇年代Boston Consulting Group提出的『BCG模型』、Michael E. Porter在1980年所提出的『產業結構分析』、Andrews提出的『SWOT分析模式』，這些研究與分析方式著重在強調分析外在環境，以找尋企業在市場上有利的定位。」

「隨著科技革新的速度腳步加快，外在環境的變化越來越無法預測，企業策略的制定往

往趕不上外部環境變化的速度，因此，偏重外部分析的方法逐漸受到挑戰。」

「逐漸地，學者們與產業界的研究焦點由強調企業的外部定位（positioning）移轉，認為企業所具備的獨特能力才是競爭優勢的基礎。Collis與Montgomery便認為『更重要的問題是如何發掘、創造、及累積企業具有的獨特能力，以建立企業可持久的競爭優勢』。為了能夠『平衡』企業外部因素分析與內部因素的分析，透過財務、顧客、企業內部作業流程、學習與成長等四個構面，Robert Kaplan與Nolan Norton提出『平衡計分卡分析模式』，另外，以強調組織應培植、發展其獨特的資源，並依其特性採用適合的策略，以取得競爭優勢的『資源基礎模式』，也逐漸成為重要的理論。所以，思考企業成長的趨動力，也就是核心競爭力，我們必須兼顧組織的外部與內部因素。」

聽到這段話，回憶在中午吃飯時，Adam曾向我解說，「透過『消費偏好』與『經營能力』這兩個方面來切入問題，就較能分析、發掘出企業的核心競爭力，並找出適合的策略加以強化，以協助企業建立可持續的獨特競爭優勢」，現在再次回想，讓我對經營能力與消費偏好兩者間的關係印象更加深刻。

核心競爭力

Adam開始講解核心競爭力：「接著，我們來看看學者們提出哪些有關核心競爭力的研究。」

「核心競爭力是什麼？學者指出核心競爭力就是企業『創造價值的能力』，也有學者強調核心競爭力是事業發展的泉源，並不會因為運用而消耗，反而會越用越加強，像Petts就指出核心競爭力是『企業在市場中的獨特能力』，Barton也說明核心競爭力是『企業優於競爭者且為其他競爭者所不易模仿的能力』。經過實證研究，其結果顯示企業的核心競爭力才是使企業能獲取利潤的關鍵。」

「另外，像Hamel則認為核心競爭能力是表示『企業在價值活動上的能力，透過整合組織內部的各種技能，能夠創造顧客的核心價值，並且能與競爭者之間產生顯著的差異，其目標不但是要做得比競爭者更好，其成果還必須是市場所需的』。此外，學者們也認為企業能夠透過學習來獲取這種能力，而這項能力是企業的外顯知識、內隱知識與個人知識融合而成，是一種遍布於組織成員之中的能力，並不會專屬於單一部門或成員。」

「至於Schendel則提出以『財務』、『人力』、『技術』、『組織』與『運作流程』等五項作爲核心競爭力的分類依據。Schoemaker則由『策略』與『企業遠景』的角度將核心競爭力區分爲『洋蔥型態』、『樹狀型態』、『策略資產型態』以及『成功關鍵因素』等四種型態。此外，還有許多學者提出其他的分類方式，像Barney則將『人力資源』、『組織文化』、『企業實體』作爲分類的構面。關於核心競爭力分類的論文與參考資料，已列在發給各位的參考資料表內，請各位自行研讀。」

「核心競爭力是企業『創造價值的能力』，因此，我們在找尋與界定企業核心競爭力最直接的方法便是『價值鏈分析』。價值鏈（value chain）的意思是說，『消費者所認同的產品價值，是透過生產者（企業）一連串結合技術與生產要素的具體價值活動（value activities）所產生。當企業之間從事競爭，其實並非是公司與公司之間整體的相互競爭，而是彼此內部的價值鏈在競爭。』運用價值鏈的概念，企業能夠分析哪些活動占有優勢，那些活動處於劣勢；這些占有優勢的活動能增加企業的價值，我們可以稱爲加值活動（value-added activities），而處於劣勢的活動因爲無法提高企業的價值，可能還會抵銷現有的價值，這些活動往往容易形成組織內部的重大缺失。」（圖1-1）

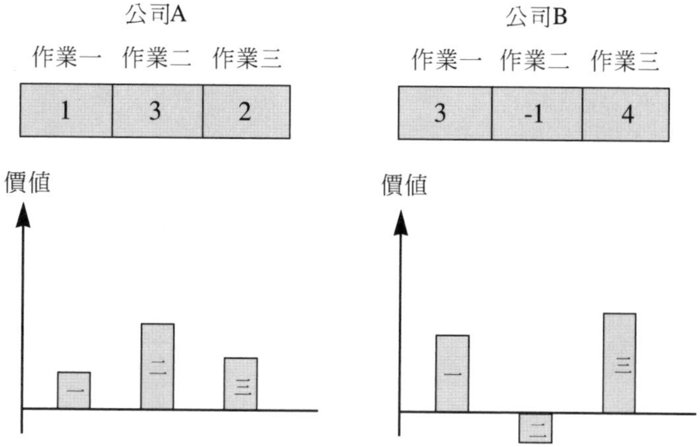

圖1-1　價值活動比較圖

Adam轉身畫了一個圖形在白板上，「我們來看看這個例子，圖形A是表示A公司的價值活動，圖上的橫軸代表作業程序，也就是價值鏈，縱軸表示該項作業程序所產生的價值，在這裡我們可以採用作業的時效（service time）或是產出數量（throughput）來量化該項作業的價值。」

「在圖形A上已經標示出三個步驟個別的產出價值，將這些步驟所產生的價值加總，就可以得到這三個步驟所產生的最終價值。由A圖上可以發現，步驟二能夠產生較高的價值。透過這個方式，我們將A公司與B公司的價值鏈相互比較，可以發現相對於B公司，A公司的步驟二占有相對的優勢，這項步驟便可以稱爲A公司主要的加值活動。」

「雖然，兩家公司所產生的最終價值都相同，但由於B公司在步驟三的活動中發生價值抵銷效應，反而減少了公司B已產生的最終價值，所以，B公司應該針對步驟三加以改善。這種現象，通常會發生在組織與制度層面上，造成作業流程無法緊密銜接，跨部門間的工作協調不易……等等的問題。這是企業內部常見的問題，部門本位主義或多或少都會存在企業的組織架構之中，再加上彼此的績效競爭……等等的因素，就容易使原本單純的問題複雜化、泛政治化，這也就是在剛才提到經營能力的三項要素中，要將作業流程擺在第一位的原因。企業組織要能永續經營，首要之務是建立完善的作業流程。」

解釋過後，Adam說：「Porter以產業結構分析、價值鏈分析來尋找競爭策略，並將策略具體行動化，以形成維持競爭優勢的策略理論，讓我們得以『價值的角度』檢視組織的作業流程。運用價值鏈的分析，企業能夠較容易找出主要的加值活動，再分析這些活動形成競爭優勢的關鍵過程，藉以找出核心競爭力的來源；企業運用價值鏈的分析，同樣也應找出企業目前有那些應及時補救的重大缺失。」

整合價值鏈，強化核心競爭力

「存在一個組織之內的競爭優勢通常是稀少的，其優勢往往是有限的；倘若，僅有少量的競爭優勢存在企業中，這種優勢經常很快就會被競爭對手模仿而消失；因此，這便需要靠價值鏈的整合來衍生新特色，以建構更完整的競爭優勢。價值鏈整合所形成的特色與優勢，使得模仿變得十分困難，於是這項優勢才能持續與加強，成爲提昇企業價值的關鍵要素。」

「當企業分析與界定其核心競爭力後，接下來就必須檢視其所處的產業結構與市場生態，並擬定適合的策略，再透過價值鏈整合以配置、強化與保護企業的核心競爭力。除此之外，運用整合價值鏈所形成的核心競爭力，還能夠成爲市場資源的進入障礙，能夠有效地維持企業既有的獲利與優勢。」Adam喝喝水、稍稍休息，讓學員能整理思緒，並且示意學員如果有疑問可以隨時提出。

過了一會，Adam說：「目前爲止，價值鏈分析似乎是企業找尋核心競爭力的絕佳方式，但在實務上如何將價值合理地量化並界定其歸屬並不容易；儘管如此，價值鏈的概念將企業活動分爲主要活動與支援活動，對於協助企業制定策略以及瞭解這些活動與客戶核心價値的關係，仍有很大的助益。」

「除了價値鏈分析之外，是否還有其他分析的方式可以協助我們分析與發掘企業的核心競爭力呢？在更進一步探討之前，我們先回顧一下幾個重要的觀念。」

Adam問全班學員：「請問，企業經營主要的目標是什麼？」班代表回答：「利潤，企業是以追求最大可能利潤爲主要目標」。

Adam又問：「那爲什麼企業需要分析、發掘其核心競爭力？」

坐在我左前方的大個子回答：「因爲，核心競爭力是企業在價値活動上的能力，由於這種獨特能力是競爭者不易模仿的，企業才能藉以保有持久的競爭優勢。保有競爭優勢，企業才能達到追求利潤的目標。」Adam點點頭，說：「影響企業獲利的因素有很多，核心競爭力正是最重要的關鍵。」

Adam開始彙整：「企業的總獲利扣除總成本後的餘額才是企業得到的利潤。企業要提高利潤有兩項主要的作法，一、抬高價位；二、降低成本。企業所處的產業結構與產品需求的價格彈性會影響企業獲取利潤的方式，一般來說，廠商會避免價格競爭，並積極從事非價格性競爭，例如，廣告、市場區隔定位、產品差異化、品質與售後服務……等，一旦能夠成為產品市場上的價格創造者，便可使自己免於價格競爭的壓力，獲得更高的利潤。」

「價格是產品價值在市場上的貨幣表現。以產品價值的觀點來探討，市場的價格創造者能夠創造較高的產品價值；因此，我們才會在生活中發現，許多價格較高的商品，卻反而得到更多消費者的喜愛。」

「企業間的競爭是源自於消費者的選擇，消費者的選擇也就是消費者如何將有限的資源作妥善的運用以使其欲望得到最大滿足的過程；企業間的競爭不但使經濟體系中的價格機能發揮作用，還能促使生產者提高生產效率與生產技術的進步。這種透過一連串結合技術與生產要素的具體價值活動，能夠創造更高的產品核心價值，而企業間的競爭還會再進一步對影響消費者的選擇。」

「消費者的選擇與企業間的競爭會產生循環性的交互影響。因此，價格機能便能在產品市場與生產要素市場發揮作用。企業想要作得比競爭者更好，就必須在產品市場與生產要素市場都具有競爭優勢；因為Adam順手指向白板上所記的第一條要點，「獲利扣除成本後的餘額才是企業得到的利潤。」

「生產什麼？如何生產？如何分配？這三項經濟學所研究的問題，其答案會隨著科技發

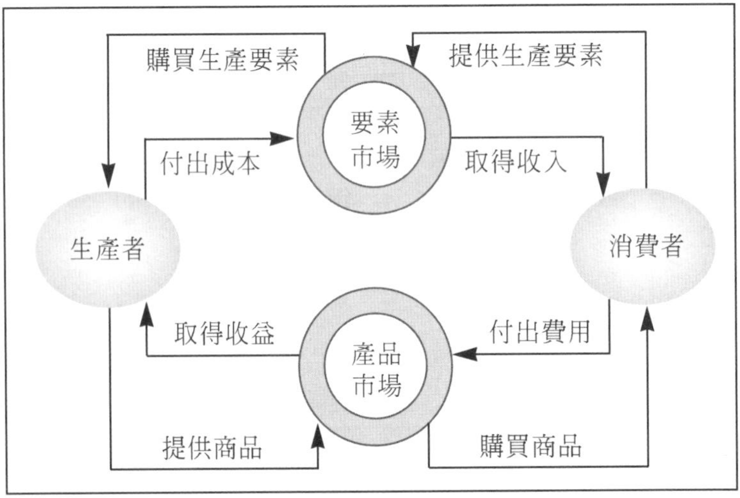

經濟循環圖

展有所不同。特別在新經濟時代，當外在環境變化的速度越來越快，我們更要強調『強化企業核心競爭力是獲取利潤的重要關鍵』。換言之，就是要發掘、創造與累積企業具有的獨特能力，藉以建立企業可持久的競爭優勢。」

「分析核心競爭力要兼顧企業的外部與內部因素，也就是消費者的選擇（可以簡稱爲消費偏好）與企業的經營能力（其中包含了作業流程、產品、人才），這兩項要素分別代表產品市場與生產要素市場上的活動。既然如此，我們便可由經濟循環來看問題」Adam在白板畫上經濟循環的圖。

經濟循環圖所表現的是生產者與消費者

間的互動過程，關於「生產什麼？」主要是消費者來決定，可在產品市場中得到答案，「如何生產？」則是由生產者決定，答案可從生產要素市場上得到。這與在中午吃飯時所畫的圖是一樣的。

對照著白板上的圖，Adam向學員解說：「當我們由企業與消費者的角度來看整個循環的過程：企業透過『要素市場』取得生產要素，並提供產品或服務到『產品市場』，消費者由『產品市場』購買企業所製造的產品，並提供各種生產要素到『要素市場』。生產者與消費者在『產品市場』與『要素市場』間互動所形成的循環，就形成基本的經濟循環。」

價值的傳遞與價值的轉換

第一張圖解釋完之後，Adam接著用紅筆修改圖上的部分文字。「現在，我們試著改用『價值』的概念，重新檢視經濟循環。」

學員們仔細看著Adam所修改的文字。「價值的角度？」我聽到有學員在私下相互討論。此時，還在修改文字尚未轉身的Adam說道：「還記得『價值』與『效用』的差別嗎？」

我在心裡暗暗點頭。

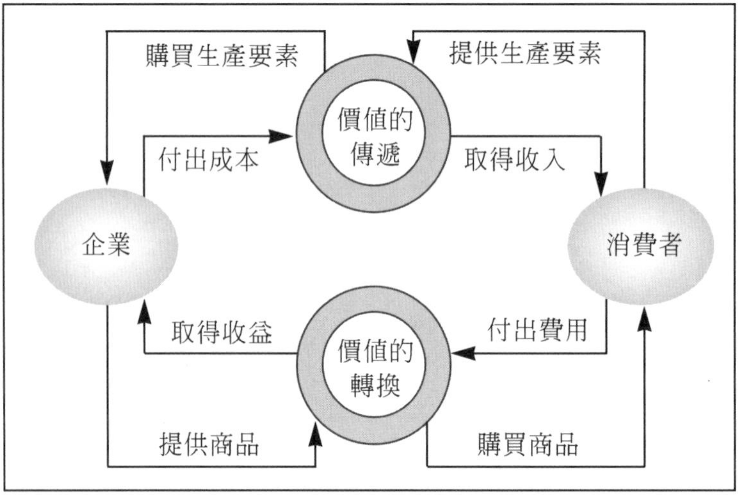

價值循環圖

Adam開始解釋：「透過『價值』的概念，我們可以把『要素市場』視爲『價值的傳遞』，資源持有者將生產要素傳遞給企業（也就圖上所標示的『效用提供者』）並取得企業所支付的酬勞，企業以此取得所需的生產要素。另一方面，企業將各種生產要素的功能與效用加以轉換（這個過程就是價值鏈），使最終產品的效用與功能符合消費者的偏好與需要，進而在市場上獲取收益，消費者則取得產品的功能與效用，也就是產品核心價值。所以，我們改以『價值的轉換』的概念來代表『產品市場』。」

前排一位女學員發問：「老師，對於價值供給，能請您再解釋嗎？」

「我舉個簡單的例子」，Adam喝一口茶，說道：「比方說，我們現在要買雙球鞋，雖球鞋大部分的材質是橡膠，但我們一定不會去買橡膠，因爲我們需要的是球鞋，而不只是橡膠。所以，我們需要橡膠（生產要素）的功能，可是單純的橡膠卻無法提供我們球鞋的效用，我們需要的效用是透過製造商的生產與銷售過程所產生，也就是價值鏈。假設，我們選中某雙球鞋，覺得它合腳型、質輕、款式好，樣樣都符合我們期望的需求，這雙鞋對我們的『價值』就是生產要素的『功能』，再加上符合需求的各種『效用』。」

「『價值』是由生產要素的『功能』與價值鏈所創造出的『效用』所組成。所以，我們可以將『生產者』改稱爲『效用提供者』，而將『產品供給』改爲『價值供給』。」Adam在白板上隨手寫著：

【價值的轉換，是企業產品的效用與功能符合需求而得到收益的過程。】

「透過修改後的經濟循環圖，我們可以歸納出兩個部分，價值傳遞與價值轉換，這兩部分則分別對應分析企業核心競爭力的兩個構面（經營能力與消費偏好），消費偏好能直接影響企業的收益，經營能力則會同時影響企業的成本與收益。這樣區分的好處是，透過價值的概念，能夠讓我們更清楚地界定企業經營能力」。Adam補充說明：企業的經營能力除了顯性能力之外，還包括隱性能力，而且會受到下列各項因素的影響：

‧時間、空間與科技的變革。
‧產業結構與市場生態。
‧市場供需法則與消費者偏好。
‧企業遠景與策略方針。
‧地域特色與文化差異。

企業經營能力

「接著，我們要來研究如何分析企業的核心競爭力。依據Edward所界定的企業經營能力是：

‧以獲取利潤爲目的。
‧以有效的方法減少：『價值傳遞』過程的成本，也就是各項作業成本，例如，人事成本。『價值轉換』過程的成本，例如，廣告支出，管銷費用……等。
‧不透過『價值轉換』讓企業獲利最大化。」

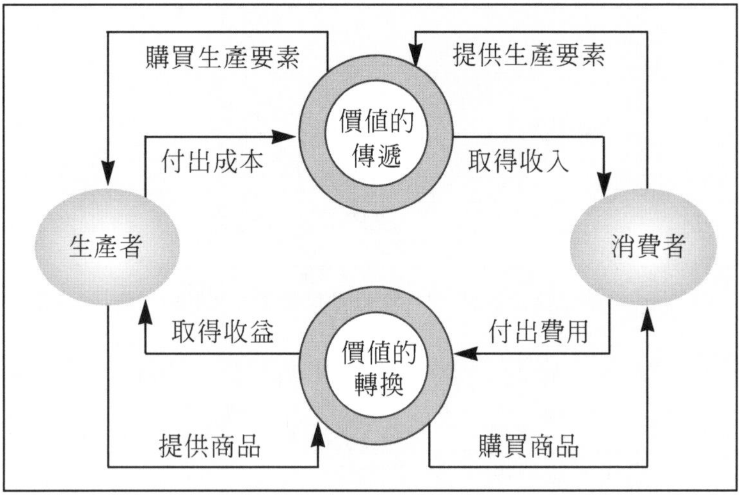

修改後的經濟循環圖

Adam開始解釋：「配合修改後的經濟循環圖以及這個定義，Edward將企業的成本分爲三大項：隱性知識成本、顯性作業成本以及行銷服務成本，而企業的收益則分成兩大項：品牌收益與功能收益。分析經濟的循環過程，Edward提出價值螺旋（value spiral）與價值框（value frame）的概念，讓我們能夠將企業的競爭力依照成本歸屬加以分類，並與同業互相比較，藉此發掘、分析企業的核心競爭力。」

價值傳遞曲線

Adam轉身在白板畫了一個曲線圖，是我們熟悉的「生產可能曲線」，這圖的意義是：在其他條件（科技、技術、要素供應量……等

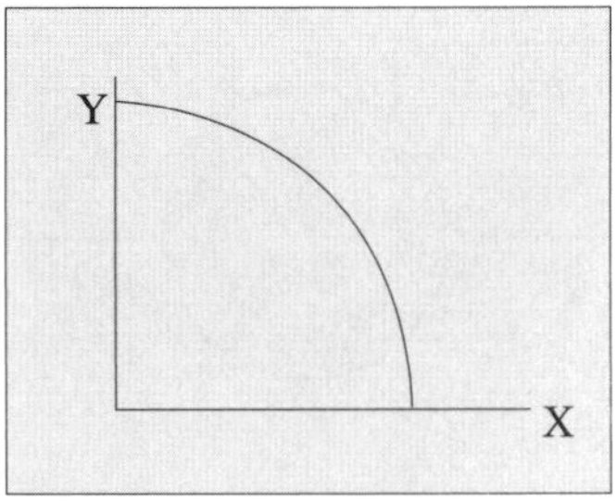

圖1-2　生產可能曲線

等）不變的情況下，生產X物與Y物的最大可能組合。由於兩種物品之間會存在著邊際替換率遞減的現象，所以這個曲線會凹向圓點，就像Adam所繪製的圖形。（圖1-2）

Adam說：「剛才我們介紹了『價值傳遞』與『價值轉換』的觀念，所以，生產可能曲線的兩個坐標軸也要以價值的角度來加以調整。」

「舉例來說，企業願意且能夠支付生產要素A的價格是P，我們將它標示在縱軸，取代原有的Y物；另一方面，在要素市場上能夠且願意提供要素A的數量是Q，我們將它標示在橫軸，取代原有的X物。此時，兩軸所展現的意義是：生產要素A具有企業所需要的價值，也就是橫軸，代表要素市場的供給面；縱軸則以價格來表示企業能夠且願意支付的金額，也就是要素市場的需求面。」

「先前我們提過：『價格是產品價值在市場上的貨幣表

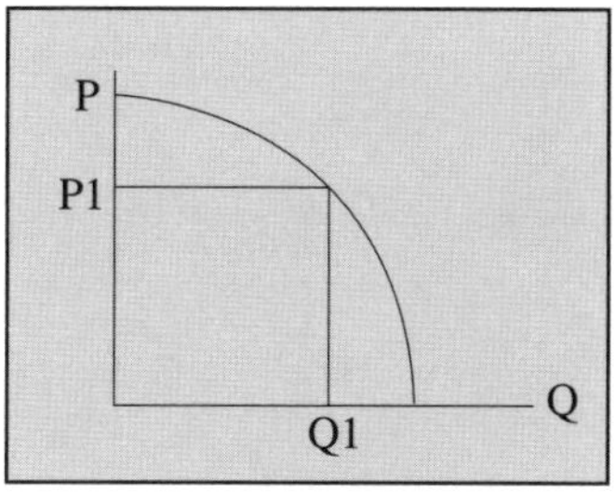

圖1-3　價值傳遞曲線

現』，所以，要素市場供給者藉著提供要素A的數量Q1，以交換企業所支付的金額P1＊Q1，在這個交換的過程中，供給者提供要素A並向企業取得金額P1＊Q1，企業提供金額P1＊Q1並向供給者取得要A。此時，P1值是代表雙方的成交價格。因爲『價格』與『價值』在市場上以貨幣爲基準進行交換，所以，生產要素的『價值』就能夠透過市場的價格機制順利地『傳遞』給企業運用。」（圖1-3）

Adam側身指向白板上的曲線，「如此，要素市場上價值傳遞過程中的各種成交價格與成交數量的組合，便形成這條曲線。這條新曲線能表現要素市場實際的交易情況，這圖上能夠反映市場上的採購數量折扣、企業議價能力……等等。所以，這條新的曲線被Edward命名爲『價值傳遞曲線』，用以表現企業在成本項目上的經營能力。」

「企業在要素市場上扮演需求者，相對地，在產品市場是

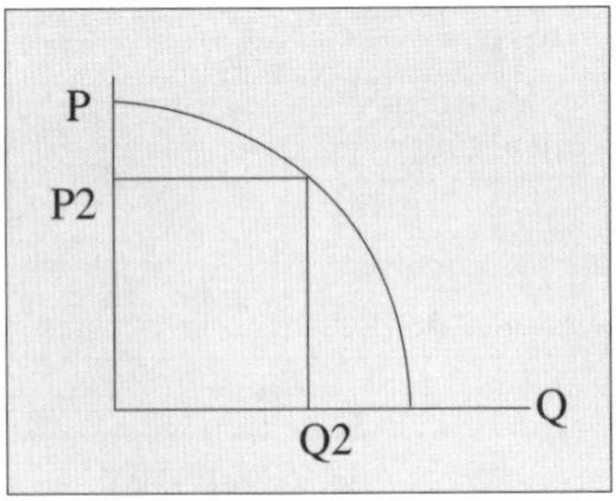

圖1-4　價值轉換曲線

扮演供給者：促使企業在市場上扮演相對角色的關鍵誘因就是『利潤』，企業主要目的便是獲取利潤，因爲追求利潤是經營企業的本質。企業利用價值傳遞取得產品生產所需的各種要素，透過價值鏈提高產品的價值，以便最後在產品市場中獲取利潤。」

「前面提過，利潤等於收入總額扣除成本總額，所以，我們還須有工具來解釋企業收入項目的經營能力。」Adam喝了一口茶，轉身在白板上接著畫上另一個曲線圖。（圖1-4）

價值轉換曲線

雖然，新畫的曲線圖與「價值傳遞曲線」並無明顯的差別，我還是在筆記本跟著畫上。Adam說道：「選擇是促成市場競爭的機制，企業在產品市場中面對著各式各樣的競爭，你們可以透過Porter提出的競爭力分析模型來思考，這是我們一開始就談到的部分。各位已經瞭解『消費偏好是市場競爭的趨動力』，這包括了消費者的特性、產品差異性、消費者對企業品牌的信心……等等。」

「在產品市場中，企業扮演供給者的角色，提供產品與服務給市場中的消費者。因此，企業出售了數量Q2的產品A給消費者，藉以取得消費者所支付的金額P2＊Q2。由於獲利是企業的本質，所以消費者支付給企業的金額P2＊Q2，必須高於在要素市場中企業所付出的金額（假定兩者間差額爲R，代表利潤金額），這時利潤金額R便可表示企業價值鏈所創造出的價值。雖然這兩個圖形很類似，但新的曲線會比『價值傳遞曲線』大一些，如此企業才算處於獲利的狀態。」

「在這裡，我們只需把供給者與需求者的關係互換，便能夠利用相同的原理來解釋企業在產品市場獲利的過程。根據Edward的定義，企業能夠得到利潤金額R，是藉著將生產要素轉換爲市場產品的過程所產生。因此，這條曲線被命名爲『價值轉換曲線』，用以表現企業在收入項目的經營能力。」

Adam轉身將「價值轉換曲線」與「價值傳遞曲線」分別複製了兩、三個新圖，這些圖

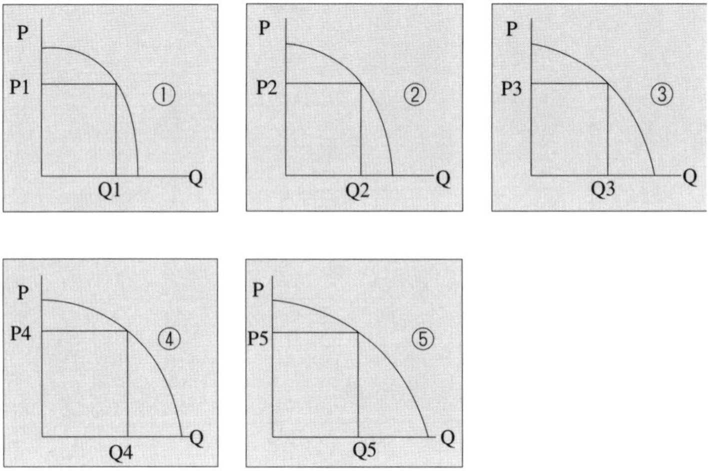

圖1-5　三個價值傳遞曲線與二個價值轉換曲線

形的曲線型態相似，只是曲線的大小不同。（圖1-5）

「除了產業結構以及價格彈性會影響企業的獲利方式，經營能力也是另一項決定企業利潤的要素。企業若能成爲產品市場中的價格創造者，便可使自己免於價格競爭的壓力。要獲得更高的利潤，企業就需要優秀的人才和高品質的產品，優秀的人才能夠活用企業資源，創造市場新契機；高品質的產品是維繫企業品牌的重要關鍵。因此，Edward 將企業成本分爲三大項：隱性知識成本、顯性作業成本以及行銷服務成本，並將企業的收益分成兩大項：品牌收益與功能收益。」

「在上面這三個『價值傳遞曲線』，分別代

表企業的生產要素成本，也就是隱性知識成本、顯性作業成本以及行銷服務成本；下面這兩個『價值轉換曲線』則代表企業的收益，分別表示企業的品牌收益與功能收益。」

Adam側身看一看這些曲線，對大家說：「很明顯，下面兩個曲線的收益總和應該要大於上面三個曲線的成本總和，企業才算有賺到錢。各位在畫這些曲線時要思考，難道經營企業都能賺到錢嗎？如果沒有，問題在哪裡？」

價值框

「只要各位仔細思考Edward定義的企業經營能力，經營企業會賠錢的原因便可找到脈絡。下次上課，請各位運用今天介紹的方法進行分組討論。」

Adam接著說：「企業面對的是動態環境，隨時隨地都會改變，企業的組織架構也需要經常調整。想像一下，用攝影做比喻，假設我們能將企業現況『定格』，經過一段時間，再次將企業現況『定格』，將這兩次定格的結果比較，我們較容易掌握企業的發展，並判斷是否需要加以調整。我們可以將『定格』比喻如一個相框，用以保存企業的關鍵運作指標；有時企業會採用關鍵績效指標（key performance indicator, KPI）來分析，就像健康檢查分析表中有血醣指數、肝功能指數、心肺功能指數……等等，這些指標能簡要地顯示企業的體質是否健康。如果，關鍵的KPI指數變差，管理者便可立即著手處理，防止問題繼續惡化，這個過程就是企業的健康檢查，需要定期記錄、檢查各項指標。」

「企業運用KPI時，要先由企業作業流程的分析著手，必須找出哪些活動對成本有關鍵性的影響，哪些活動對收益有重大的幫助，才能設計企業所需的衡量指標，並歸納關鍵KPI指標與企業利潤的關聯性。」

「其實，要由蛛絲馬跡中找出企業的眞正問題，這過程並不容易；因爲KPI的分析結果，就像健康檢查報告一樣，必須對指標有所充分地瞭解，才能加以診斷。再者，企業與企業之間的作業流程差異性很高，在實務上，KPI分析也只能量身訂作，既費時、費功，無法廣泛地普偏運用。」

「此外，KPI分析無法廣泛地運用的另一原因是：成本的考量——並不是每家企業都有能力負擔顧專業顧問的費用。」

「如果企業之間能夠建立共通的比較基準，將可使企業與產業都得到幫助，企業之間擁有可以共享的資源，這樣不但可以簡省可觀的導入成本，而且也能縮短培育專業分析人才

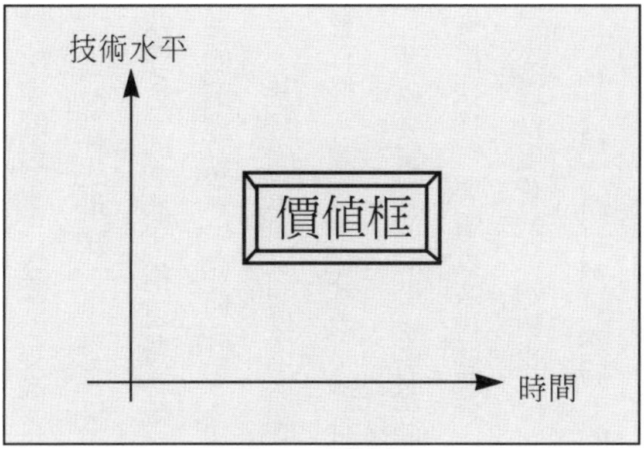

圖1-6　價值框

的時間。如此，個體企業的績效能逐步提昇，產業的競爭能力也因而得到提昇。當產業面對國際化競爭時，便有能力與國際競爭。」

「將企業各項成本與收益分類，透過『價值框』顯示成本項目與收益項目上的優、劣勢，一旦發現與競爭者之間有明顯的差異時，管理者便可按圖索驥，找出問題的根源加以解決，以提高企業的競爭能力。」

「那麼，『價值框』是什麼樣子呢？」**Adam**在身後的白板上畫了一個圖形。（**圖1-6**）

在座標軸的第一象限之中有個如同相框一般的圖框，**Adam**將其橫軸標示爲時間，其縱軸則標示爲企業經營能力。

「宏觀企業成本與收益在產業中的相對優、劣勢，便需要用時間序列與技術水平作爲分析的基準。

Edward將時間標示爲橫軸，將技術水平標示爲縱軸，展現企業發展的全貌（big picture），使管理者可運用『價值框』分析，找出對提昇利潤有實質效益的活動，並界定發展這些活動所需的電子化技術，提高企業e化的成功率。」

「就好比現在，市場上已經有許多系統供應商提供客戶關係管理（CRM）或供應鏈管理（SCM）的系統，但這些系統在功能、規格與價格都有顯著的差異。企業在推動e化時，首要的關鍵就是：如何評估、愼選系統供應商。每家系統業者都會依據企業需求提出規劃案，其目的是要說明採用他的產品才是最好的選擇；可大多數情況是，這些系統軟體，仍會有很多問題潛存其中，而且引進新系統通常需要整合多個部門，確認各部門需求規格的作業就要很長的時間；若是談到更細部，要求系統能與現行作業流程結合，企業就會被迫做出抉擇：要嘛就多付些錢，量身訂製新系統——客制化（customize），要不就更改作業流程來遷就現有系統的功能。」

「就像成語『削足適履』的情況，如果不是基於利潤的考量，任何抉擇對企業都是毫無意義的。運用『價值框』分析可以協助管理者確認關鍵的需求規格，並能掌握新技術導入的時機與範圍，讓投資能花在刀口上。」

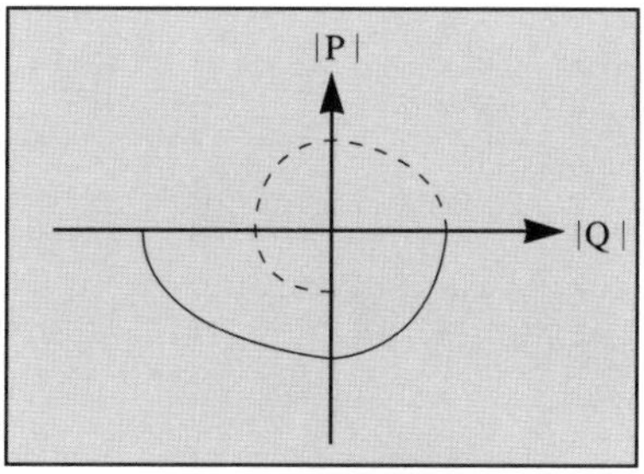

圖1-7　價值螺旋

Adam側身看一看白板上的「價值框」，說：「聽起來好像很不錯，可就這麼個框框，要怎麼分析呢」？

價值螺旋

「現在，我們試著把剛才繪製的『價值傳遞曲線』與『價值轉換曲線』連結起來」；在白板上，Adam重新調整各個曲線圖的位置，讓原本分開的三個「價值傳遞曲線」與二個「價值轉換曲線」都整合在同一個笛卡兒座標內。（圖1-7）

笛卡兒座標的橫軸被標示為|Q|，縱軸被標示為|P|，這個||符號代表Q與P值都是絕對值。座標圖上的曲線Adam用不同的線段方式分別標示，第一段是虛線，第二段是實線。接著，Adam在虛線所經過的三個象限上分別標記①、②、③，並在三個「價值傳遞曲線」上依序標記①、②、③；可想而知，①是代表隱性知識成本、②是代表顯性作業成本、③是代表行銷服

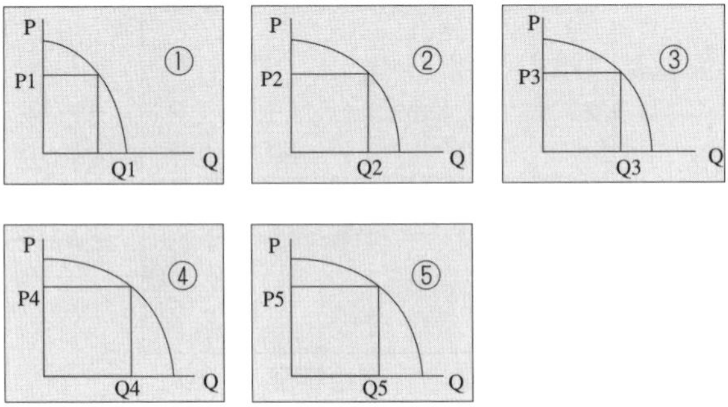

圖1-8

務成本。在實線所經過的二個象限，Adam標記④與⑤，並且在下面兩個「價值轉換曲線」上也依序標記④與⑤；同理，這就分別表示企業的品牌收益與功能收益。（圖1-8）

「各位可以將①~③項與傳統成本架構圖相比較，傳統的成本架構僅提及顯性生產要素的成本，在此我們已涵蓋隱性生產要素的成本。」（圖1-9）

講台下，依照白板上的圖形，同學們在筆記上繪製，Adam喝一口茶，等大家畫好，並示意學員們可以自由提問，過了一會，Adam把白板上的圖修一修。

Adam說明：「這個螺旋狀的曲線（圖1-7）就是Edward所提出的『價值螺旋』。透過這個螺旋狀的曲線，我們就可以進行『價值框』的分析」，Adam在「價值框」內補上一個「價值螺旋」。（圖1-10）

「這個螺旋曲線表示企業價值鏈活動的動態過程。

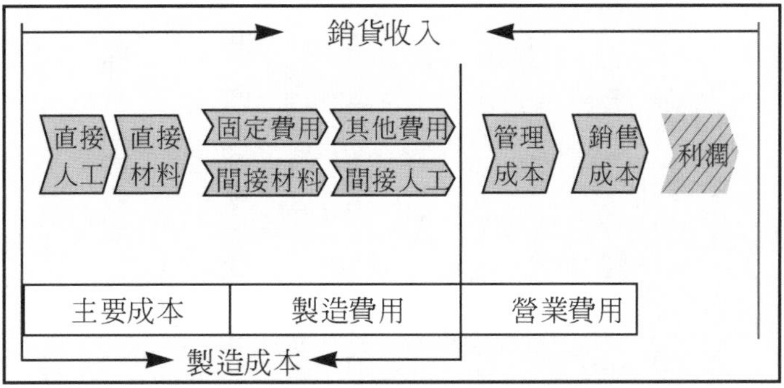

圖1-9

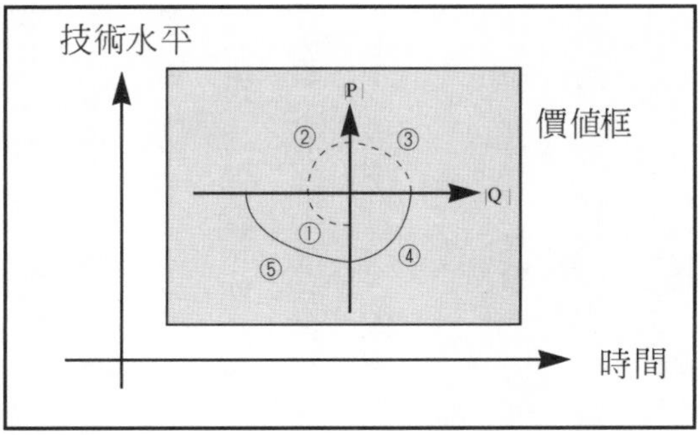

圖1-10

「價值螺旋」是由虛線與實線部分所構成。你們可以看到這個螺旋是由內向外，依順時針方向延展，這暗示著價值鏈活動有次序性而且與時間相關。在圖上①～⑤的標記，相信有些人已經猜到它們代表的意義，虛線的部分是企業的成本項目，實線的部分是企業的收益項目。當實線部分所涵蓋的面積超過虛線部分所涵蓋的面積，企業就處於獲利的情況，所多出的部分就是企業得到的利潤；反之，企業就是賠錢，所短少的金額就是企業的經濟損失。」

「由於價值螺旋具備解釋營運成本、產品收益的定量基礎，因此能與經濟原理的分析相互連貫。按經濟學理推論，企業要追求最大利潤，必須使邊際收入等於邊際成本（MR等於MC）；當邊際收入小於邊際成本（MR小於MC）時，就表示企業發生經濟損失；假若，收入僅能夠支付變動成本（只要這個經濟損失小於總固定成本），而且還想繼續經營，企業應該還能夠營運。這些經濟原理可以透過綠色與紅色曲線的相互變化得到印證，另一方面，『價值螺旋』可以輔助經濟原理的推論，幫助研究者掌握實際的市場活動。」

「根據先前的討論，我們將企業的成本分爲三大項：隱性知識成本、顯性作業成本以及行銷服務成本，而收益則分成兩大項：品牌收益與功能收益。由財務與會計的角度來分析，企業各項主要支出與重要收入便可歸納分類，經過合理地加總之後，便可在各個象限內得到相對應的|P|值與|Q|值。由於價值螺旋代表企業價值鏈活動的動態過程，所以，這幾個象限內的|Q|值與|P|值都具有個別意義，而且彼此之間密切關聯。」

「實務上，衡量績效的作法主要有兩種，第一種是與產業的最佳指標相比較，就是透過研究單位的調查，得到各項績效數值，由這些數值構成產業的最佳指標（industrial best practice），可是這種指標不容易得到，因爲資料取得的困難度較高，往往要花錢向研究單位買數據，或是尋求專業顧問公司的協助（這當然也需要花錢）；另外一種，就是自己跟自己比，以現行的績效水平作爲標竿，此時企業必須先自我診斷，找出關鍵的問題根源（root cause），這種自我診斷又稱爲問題根源分析（root cause analysis），通常會以問卷、訪談方式進行跨部門的調查，藉以列出企業的關鍵問題，這些問題經過熟悉企業作業流程的專家分析之後，就能完成問題根源分析報告，管理者依據這份報告，便可訂出相應的各項指標。」

會計、財務績效衡量

「不論採用哪種衡量績效的作法，企業還是要建立一套績效衡量的指標。除了剛才提過的**KPI**指標之外，傳統上，管理者多半採用會計的結果來衡量各單位績效（例如，是否達成預定的業務目標？是否按照既定比例來降低部門支出？……等），或是依賴投資報酬率（**ROI**）、每股盈餘（**EPS**）……等財務性績效衡量，來進行企業內部的管理與評估。」

「過度依賴會計衡量的結果，將產生只重視『結果』，不重視『過程』的企業文化，使管理者只注重短期財務目標，對於有助企業長期發展的投資（例如，研發費用、教育訓練……等），由於會計作業會將其列爲當期費用，勢必容易遭到管理者刪除，如此將會影響公司未來的發展。試想，如果僅注重現在，不預作長遠的準備，企業如何有能力因應外在的環境改變呢？由於，過度依賴會計衡量，會對企業永續發展產生不利的影響，這種衡量方式，已遭人詬病許久。」

平衡計分卡

「企業衡量績效的方式，會對組織內、外部成員的行爲產生決定性的影響。在一九九〇年代，Robert Kaplan與David Norton就提出企業應採用『平衡計分卡』來改善前述的缺失。」

「在九〇年代初期，『平衡計分卡』（BSC）還僅僅是一套衡量績效的方法，但發展至今，『平衡計分卡』已逐步與企業的遠景和策略（vision & strategy）結合，成爲一種企業策略的管理體系：『平衡計分卡』主要以四個構面來評估企業的績效：財務構面、客戶構面、作業流程構面、學習成長構面。」Adam一面說明，一面在白板畫「平衡計分卡」的示

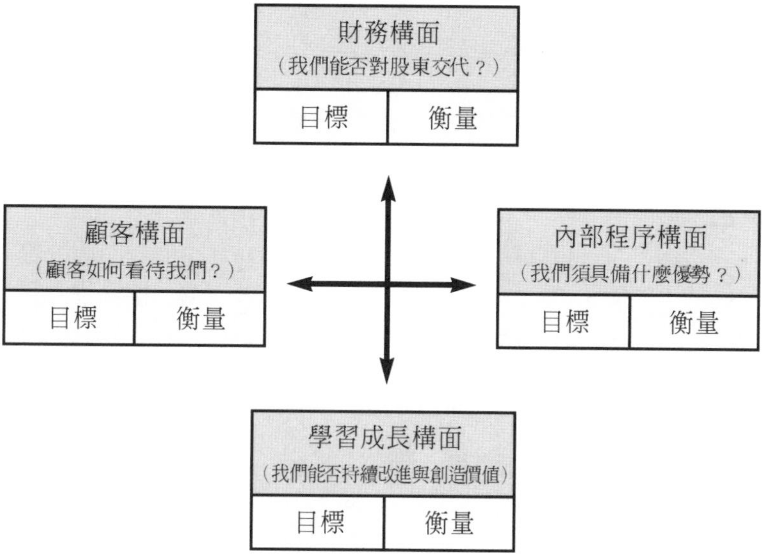

圖1-11　平衡計分卡

意圖。（圖1-11）

據我所知「平衡計分卡」是由KPMG的研究機構Nolan Norton Institute與哈佛大學的教授Robert Kaplan共同主持的一項研究計畫所得的結果，這計畫主要在探討衡量未來組織績效的方法，經過長達一年的研究，新提出的衡量系統則圍繞著企業的財務、顧客、作業流程、學習成長等四個構面。許多採用「平衡計分卡」的企業都不約而同，將重要的企業管理流程套用在「平衡計分卡」的架構中，例如，員工與團隊的目標、薪資制度、預算編列與規劃、策略的回饋……等。最後，「平衡計分卡」逐漸在實務界形成新的策略管理體系。

「平衡計分卡」的示意圖畫好後，Adam側身指向第一個構面，解釋：「Kaplan將企業的發展週期簡化爲成長期、維持期、成熟期等三個階段。他認爲在不同階段下，企業的目標與採行的策略會有差異，因此在不同的階段內，管理者就必須採用不同的衡量指標。同時，Kaplan也指出三項企業關注的財務議題：一、營收成長／營收組合；二、降低成本／提高生產力；三、資產運用／投資策略。如此，企業發展三週期與財務三議題便可形成一組3＊3的財務構面績效指標對照表，企業只需確認目前所身處的階段，便可參照此對照表找出適合的財務構面指標。」Adam指向下一個「在顧客構面，Kaplan指出以市場占有率、顧客滿意度、顧客獲利率、顧客滿意度、現有客戶延續率等五項作爲衡量。」

「Kaplan認爲企業應從顧客及股東的期待，衍生出對內部流程效能的要求，因而在設計衡量內部流程的績效指標之前，應先分析企業的價值鏈。Kaplan提出應以創新流程、營運流程、售後服務流程三個方向，思考如何滿足顧客的需求作業程序，藉以建立衡量這些作業程序績效的評估指標。」

此刻，回想Edward採用三個「價值傳遞曲線」分別表現企業的隱性知識成本、顯性作

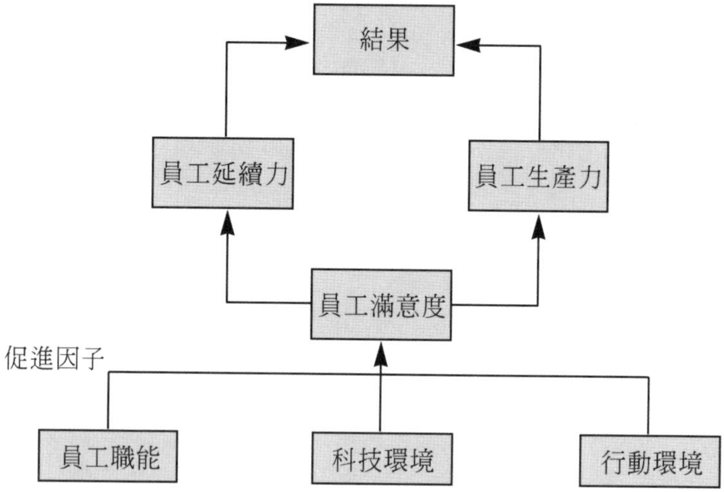

圖1-12　學習成長構成的促進因子

業成本以及行銷服務成本，與Kaplan所提出分析企業價值鏈的三個方向（創新、營運、售後服務），在觀念上似乎有共同之處。

「有關企業的學習成長，Kaplan提出獨立的構面加以衡量，事實上，就是希望能衡量企業的隱性資產。他認爲應該採用增強員工的能力、強化資訊系統的功能、組織激勵與有效授權等三個原則，來思考如何建立衡量學習與成長構面的指標。學習成長構面的核心指標是員工滿意度、員工延續力以及員工生產力，而前述三項原則就是這三項核心指標的促進因子。」說完後，Adam便側身畫上另一個示意圖。（圖1-12）

「Kaplan認爲當企業的願景與策略確定後，管理者應依循三項原則：一、因果關係；二、成果與績效導向；三、與財務目標連結，來設計與策略密切結合的績效衡量指標。因此，是由上而下，從願景與策略出發，分析企業在財務、顧客、內部程序、學習成長等四個構面中的關鍵成功因素（Key Successful Factor, KSF），再針對這些關鍵成功因素分別訂定適合的衡量指標。整個過程就是『平衡計分卡』績效衡量體系的運作方式。」

等待學員們繪製完畢後，Adam說：「自從『平衡計分卡』提出後，已引起學術界與實務界廣泛的注意，並研究如何有效地運用於企業的實際運作。根據研究的結果顯示：組織的關鍵問題並不容易釐清，而且企業不容易制定明確的策略方向，這些都是企業推展『平衡計分卡』時，必須注意的問題。另外，學者Otley（1999）也指出目前尚無法將『平衡計分卡』四大構面的指標以因果關係相連結。」

「這麼多種的績效衡量方法，其實在傳達企業主要的兩項需求：一、有效營運發展；二、釐清關鍵問題。能夠瞭解上前方法的優缺點，可以幫助各位對價值螺旋分析法的認識。」

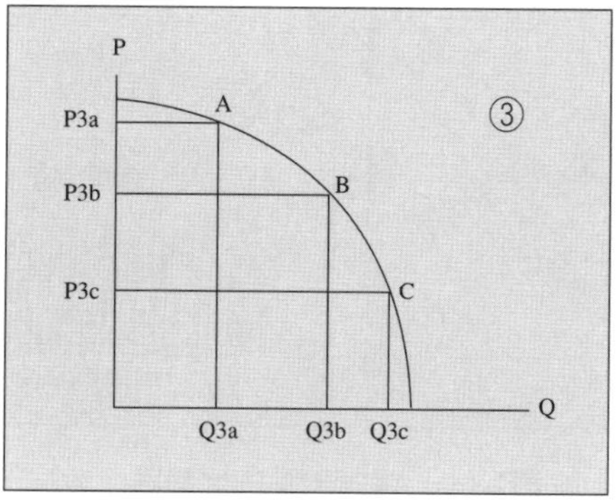

圖1-13

價值螺旋分析

Adam著手整理已畫滿圖形的白板，在「價值框」旁留下很大的空白。

Adam轉身，說：「在這條『價值傳遞曲線』上有A、B、C三點。」接著就在標記爲③代表行銷服務成本的「價值傳遞曲線」標示了A、B、C三個點，並且依序將其對應到兩軸的各點|P3a|、|P3b|、|P3c|、|Q3a|、|Q3b|、|Q3c|都標示在圖上。（圖1-13）

「A點對應到兩軸上可以得到|P3a|與|Q3a|，因此|P3a|＊|Q3a|代表公司A的行銷服務成本；同理，|P3b|＊|Q3b|代表公司B的行銷服務成本，依此類推。」

「假定公司C與公司A的行銷服務成本相等，就是|P3c|＊|Q3c|＝|P3a|＊|Q3a|，因此在圖上這兩塊區域所圍的面積是相

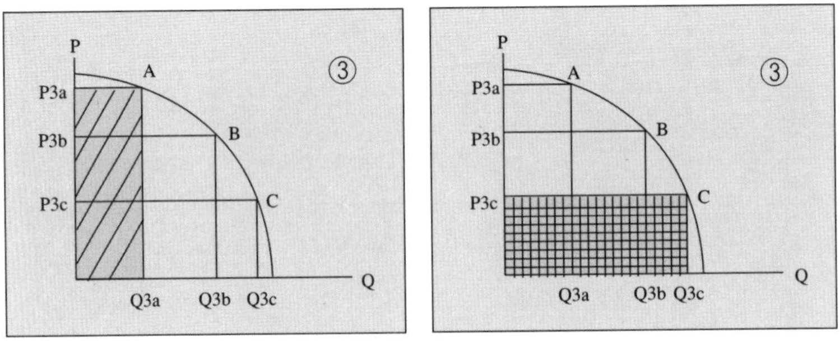

圖1-14　A點與C點的比較圖

等的」，Adam分別以斜線及網格底填入這兩塊區域。（圖1-14）

「雖然花相同的錢，可是公司C取得的|Q3c|卻比公司A所取得的|Q3a|還多，但公司C取得|Q3c|的每單位價格|P3c|卻較公司A的|P3a|還低。這種現象顯示出兩家公司在『議價能力』的差別。順道一提，由於期望透過集體採購『議價能力』優勢，壓低生產成本，所以，供應鏈管理（SCM）的議題才越來越受到企業重視。」

「當管理者分析企業的『價值傳遞曲線』時，若發覺競爭對手多集中在C點，而自已卻處於A點，就應提高警覺了！」

「對於同一性質的產品，通常廣告的曝光率與產品的銷售量會呈現『正相關』（就是多打廣告就可以提高銷售量）。那麼，企業處於A點會銷售量造成什麼影響呢？」，

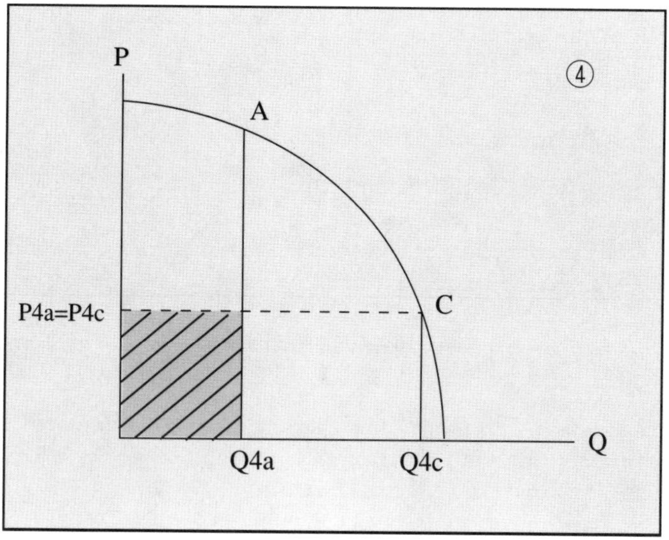

圖1-15　品牌收益的差別

緊接著圖形③的下方，Adam標記著④，代表企業品牌收益的『價值轉換曲線』標出與圖形③相對應的A點與C點。

「在圖形③，公司C投入|Q3c|單位的行銷服務成本，在圖形④便可反映出公司C的品牌收益爲|Q4c|*|P4c|」，Adam在圖④標出點|P4c|、|Q4c|，並以虛線水平線，將點C與點|P4c|相連。

「由於公司A與公司C生產同一性質的產品，公司A的產品價格|P4a|應等於|P4c|。公司A的品牌收益爲|Q4a|*|P4a|」，Adam在圖④標出點|Q4a|，並用斜線填入代表公司A品牌收益的區域內。（圖1-15）

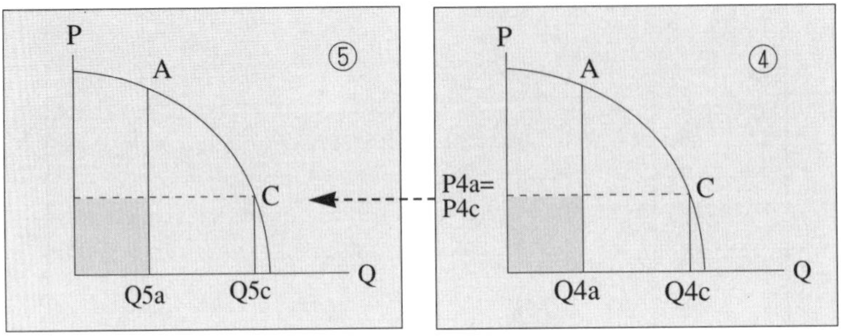

圖1-16　功能收益的差別

「既然P4a＝P4c，所以兩家公司在品牌收益上的差異便可寫成：（Q4c－Q4a）＊P4c，這個數值也代表公司A收益將短少的金額」，Adam順手指向圖④中的那塊區域。「其實，還不止如此」，Adam將連接點C與點P4c的虛線水平線延伸到圖⑤，在圖上標出Q5c。圖⑤代表企業的功能收益，採用與圖④相同的方式，Adam從圖④上的點A延伸對應到圖⑤的點A，並在圖⑤標出點Q5a。（圖1-16）

「行銷服務成本，不僅僅影響企業的品牌收益，也同時會影響功能收益。如此，A、C公司的功能收益差異的計算公式是（Q5c－Q5a＊P4c），再加上（Q4c－Q4a）＊P4c，就是公司A收益將實際短少的總額。」

「事實上，影響企業收益的因素不僅僅是行銷服務，如作業流程、人員素質、技術能力、設備產能、資訊系統整合度……等，這些項目涵蓋了企業的顯性與隱性資產；

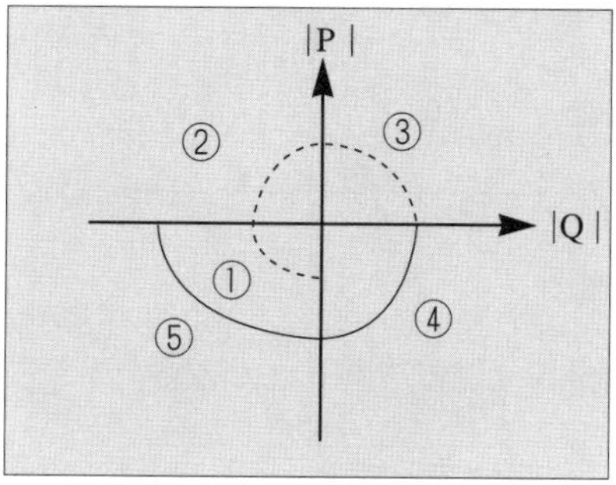

圖1-17　價值螺旋圖

所以，我們要由價值鏈的源頭出發」，Adam由圖①所在的象限開始畫，再延伸到圖②象限，依序延伸到圖③象限、圖④象限以及圖⑤象限。在圖①到圖③象限是代表成本，以虛線線條來繪製，圖④與圖⑤代表收益，用實線線條表示。（圖1-17）

「Edward對價值曲線的定義是：現有科技水平與企業經營能力不變的情況下，在要素市場與產品市場中，各種可能的均衡價格與均衡數量之組合。此時所討論的均衡價格與均衡數量就會包含：一、『要素提供者』願意且能夠提供的要素數量以及願意且可能購買的產品價格；二、『產品提供者』願意且可能購買的要素數量以及願意且能夠提供的產品數量。所以整個『價值螺旋』是由虛線與實線部分共同組成，而象徵要素市場的『價值傳遞曲線』與象徵產品市場的

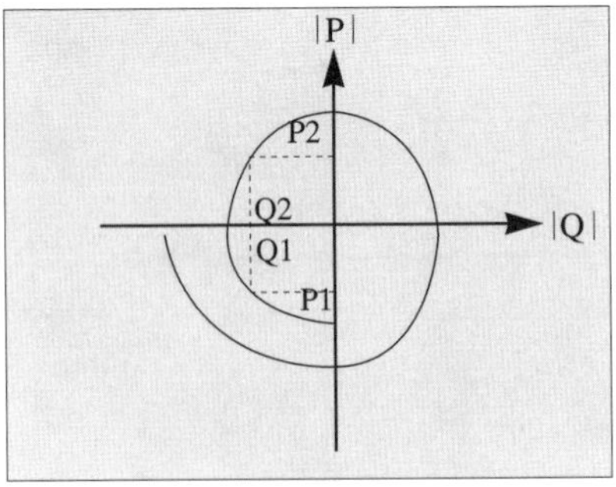

圖1-18　價值螺旋分析圖

『價值轉換曲線』分別可再依成本歸屬與收益來源加以細分，也就是圖①…⑤所顯示的關係」，Adam側身指向剛才所繪製的圖①…⑤。

用虛線在「價值螺旋」圖①象限的縱軸上Adam先標記一個點|P1|，接著說：「從圖①象限爲起點，以|P1|＊|Q1|代表企業在人事、研發、教育訓練、產品設計、制度規劃……等方面的支出，由|Q1|點往圖②象限向上延伸，可以在曲線上得到|P2|＊|Q2|，這代表企業在產品製造、品質檢驗、設備更新、生產設備的投資、資訊系統引進、建構品管標準、生產自動化設施……等方面的支出。此時|Q2|=|Q1|，是表示企業使用|Q1|單位的生產要素所能夠『運籌』的生產資源。」（圖1-18）

「這裡所謂的『運籌』是指價值鏈中各項活動之間的必然關連，這就比如：每位工人平均每日能生產一百

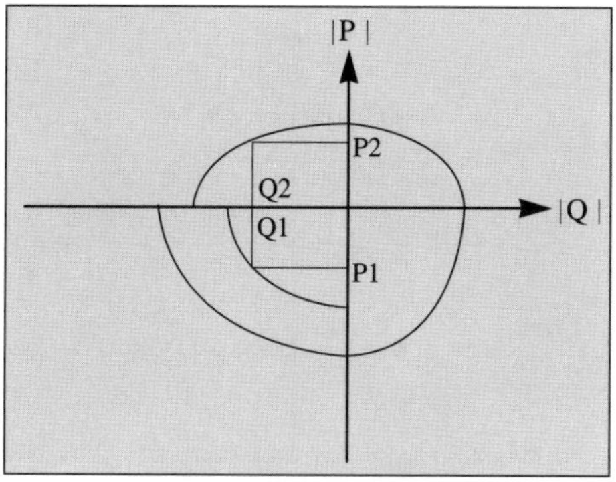

圖1-19　螺旋的不連續性

件，若再多請一位工人就能使產量增加一百件，反之，日產量要由一百件提昇到三百件，就需要再加兩位工人；以此類推，假定生產設備每月平均的產出量一百萬件，只要再購另一生產設備就可以提高每月產出量爲二百萬件。」

「由於，人力生產是無法與自動化設備的生產力相提並論，**Edward**便指出這就將會形成『價值螺旋』的向外突出，也就是產生『螺旋的不連續性』」，**Adam**在旁邊畫了個輔助圖。（圖1-19）

「如果有向『外突』的現象，就表示也有可能會『內縮』。透過『價值螺旋』分析可以發現，各個象限之間確實會產生『外突』或『內縮』的現象。原本『價值螺旋』是連續性的隱函數（**continuous implicit function**），當企業引進新的生產技術或改採

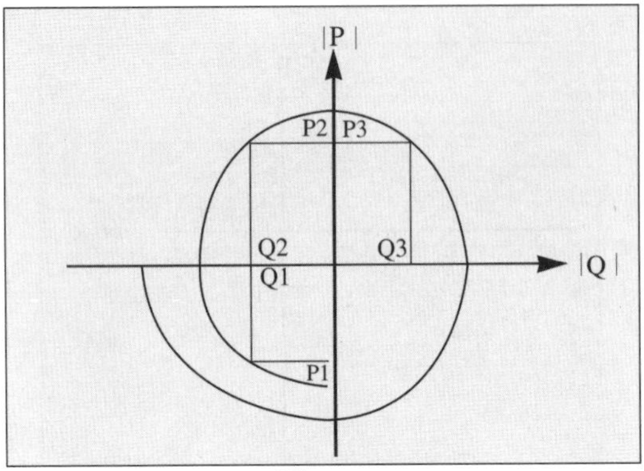

圖1-20

自動化提高生產力，在各個象限之間就容易呈現這種不連續性。另外，當企業運用特權掌握要素的議價能力（形成『專買』）或產品的限價能力（形成『專賣』），也會造成『螺旋的不連續性』。所以，分析『價值螺旋』圖形的特性，有助於我們瞭解企業的營運方式，以分析哪些價值活動占有優勢，哪些價值活動處於劣勢。」

「由|P2|點往圖③象限向水平延伸，可以在曲線上得到|P3|＊|Q3|，這代表企業在產品行銷、市場通路、媒體廣告、客戶服務、產品組合……等方面的支出。此時|P3|＝|P2|，是用來標示企業用於銷售產品與售後服務的基本費用（也就是|P3|＊|Q3|），企業應致力於發揮其行銷服務的效能，從曲線上的A點向C點移動。|Q3|則表示企業所取得的行銷服務效果，這些效果會對企業各項收益產生微妙的影響，這部分是剛才已經提到的。」（圖1-20）

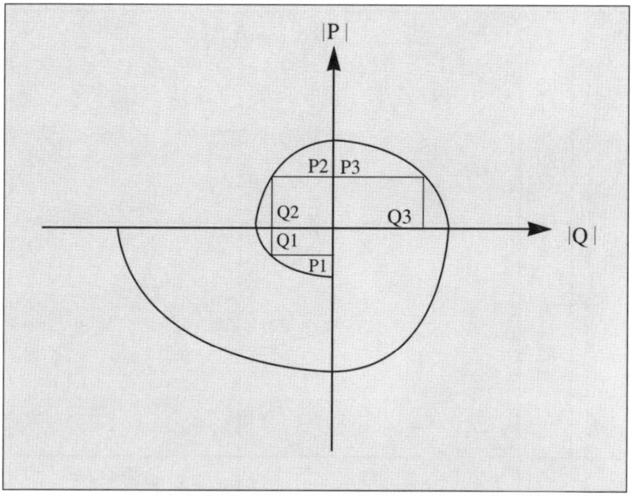

圖1-21　價格領導者享有較高收益的價值螺旋

「抬高價位與降低成本，是企業提高利潤的主要途徑，爲了避免價格競爭，採行產品差異化是頂好的辦法；採用差異化的策略，使企業能提供與衆不同的產品」，Adam在說明的同時，一邊修改白板上的圖，「差異化策略反映在『價值螺旋』圖形上就是曲線斜率的改變，這使企業得以擁有與競爭者不同的曲線，通常是反映在產品市場的『價值轉換曲線』上。例如，市場的價格領導者的價值螺旋圖形就會呈現這種現象。」（圖1-21）

價值框分析

Adam將價值螺旋加上個大的外框，並且

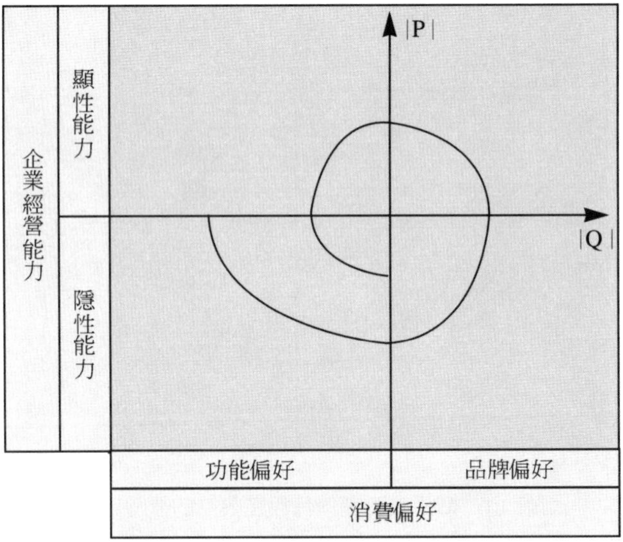

圖1-22　價值螺旋與價值框的關係

在外框的左側與底部加註文字。（圖1-22）

「外框的左側表示企業的經營能力，被橫軸切分成兩部分，上半部是企業的顯性能力（就是作業流程、生產設施、原料、行銷通路、產品……等），下半部是隱性能力（就是專利權、創新能力、技術水平、企業文化、設計能力……等）。外框的底部表示消費偏好，被縱軸分成兩部分，左半部是消費者對產品功能的偏好，右半部是消費者對品牌形象的偏好。」

「運用企業經營能力與消費偏好所形成的2＊2組合，使企業『價值框』中的『價值螺旋』能夠配合外在環境的需求，反映目前經營能力的特性。」

「根據核心競爭力的定義：『核心競爭力就是企業創造價值的能力』，因此，我們要透過『價值框』分析找出能夠創造較多價值的加值活動或能力。另外，『核心競爭力是企業優於競爭者且爲其他競爭者所不易模仿的能力』，所以，要運用『價值框』分析找出哪些加值活動或能力優於競爭者，並且採用差異化的策略來創造螺旋的不連續性，以提高企業的實質利潤。」

教室內左側牆上的掛鐘，顯示時間已接近下課，窗外菊紅色的夕陽斜斜地灑落在坦蕩蕩的青草地上，多彩的天空中有還留有幾個風箏在飄飄搖搖。

Adam說：「有關『價值框』的分析，各位可以從參考書目查到更詳細的說明，希望你們在進行分組報告時能夠加以運用」。Adam將白板清理，調整幾個圖形的位置。（圖1-23）

「我們由價值的角度重新檢視整個經濟循環」，Adam指向左上方的經濟循環圖，「也就是競爭優勢的全貌。在生產者與消費者間的互動過程，消費者的選擇與市場的價格機制是推動整個循環的主要動力。爲了追求利潤，企業運用價值鏈將產品提供給消費者；爲了持續成長，必須有能力克服市場上的競爭，而這股成長的趨動力便是企業的核心競爭力。」

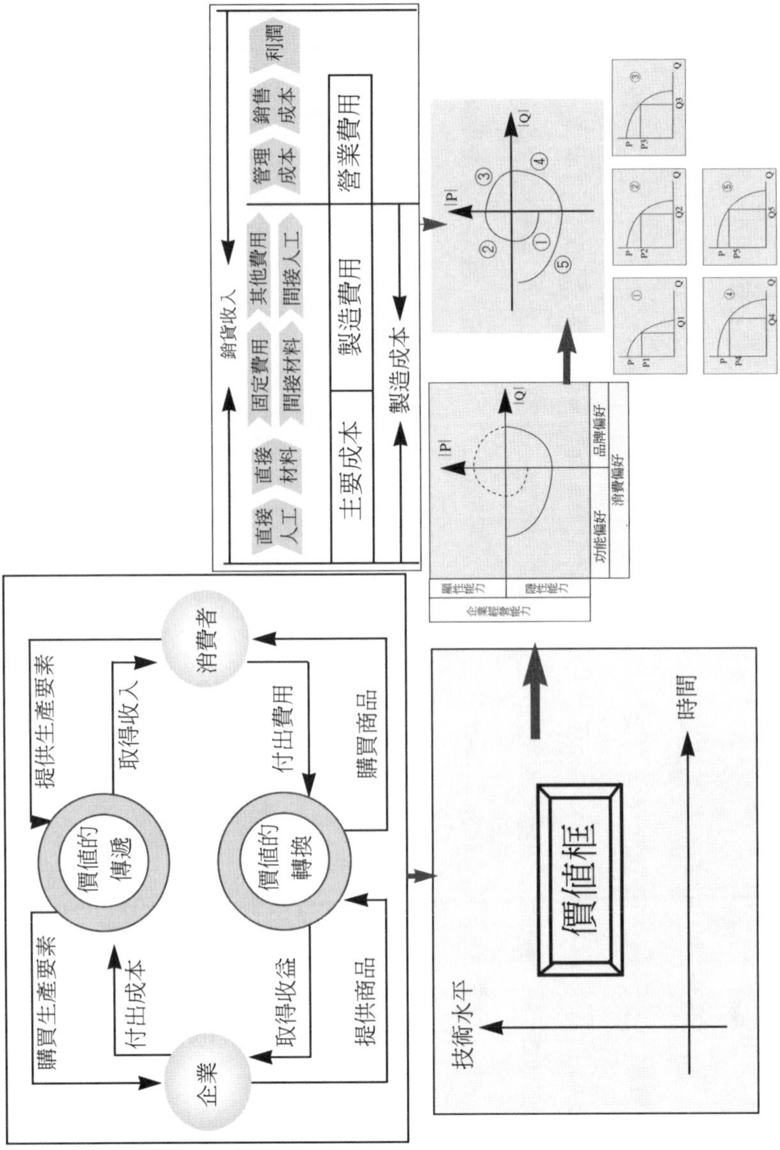
消費者
企業
價值的傳遞
價值的轉換
提供生產要素
取得收入
付出費用
購買商品
購買生產要素
付出成本
取得收益
提供商品
價值框
技術水平
時間
銷貨收入
直接人工
直接材料
固定費用
間接材料
其他費用
間接人工
管理成本
銷售成本
利潤
主要成本
製造費用
營業費用
製造成本
企業經營能力
顯性能力
隱性能力
功能偏好
品牌偏好
消費偏好

圖1-23

「企業面對的是動態環境，隨時隨地都會改變。所以，我們運用技術水平與時間爲分析基準的價值框分析掌握企業的發展的軌跡，並判斷是否需要加以調整」，**Adam**指向企業的價值框（圖形在左下方），「爲了能夠配合外在環境的需求，反映目前經營能力的特性，企業的價值框是由經營能力與消費偏好所形成的2＊2組合，價值框分析的目的是爲了找出能夠創造較多價值的加值活動或能力，這裡所提到的加值活動或能力則包含了顯性與隱性的部分。」

「應用價值鏈分析的基本精神，搭配企業成本架構分析，我們運用價值傳遞與價值轉換的觀念將企業的成本與收益項目進行適當的歸類，在右下方①是代表隱性知識成本、②是代表顯性作業成本、③是代表行銷服務成本，①～③是反映各種生產要素的成本，也可稱爲『傳遞的成本』；另外，基於消費偏好特性以及適度區別成本—收益之間的因果關係，**Edward**採用品牌或功能性的偏好爲分類依據，其中，④是代表企業的品牌收益、⑤則是代表功能收益；從成本—收益之間的因果關係來看，③與④之間存在著直接正相關，①、②與⑤之間亦存在著直接正相關，另外，企業產品或服務的總收益則是④與⑤兩項的總和，所以這兩項亦可稱爲『轉換的收益』。」

「從成本會計的實務層面，運用作業制成本（ABC）便可將企業的成本依作業活動適當分類。這①～⑤項透過作業制成本爲基礎，就能夠將企業經營能力的現況適切地數量化，並且以價值螺旋來呈現企業個別的營運特性。因此，價值螺旋就具備了解釋營運成本、產品收益的定量基礎，依據這個基礎，管理者就較容易分析企業的核心競爭力。」

「什麼是企業的核心競爭力？就是存在企業中獨特且不易被競爭者模仿的能力，而且這種核心能力唯有透過：『作業流程』、『產品』與『人才』密切配合方能有效發揮，缺一不可。」

「想要掌握作業流程，就必須對ISO國際標準有所瞭解；要發掘企業的隱性資產，知識管理便是最主要的議題。除了產品的功能性之外，客戶最重視的就是品質了。雖然，ISO國際標準能夠協助企業建構作業流程的品管體系，但ISO無法強化與企業利潤攸關的品質效益（因爲ISO僅注重品質體系的完整性，並不著重企業的利潤）。所以，要強化核心競爭力，對於著重品質效益的超品質管理，就值得管理者深入研究了。」

陣陣的下課鐘聲在校園內迴盪。Adam說：「在參考書目內各位可以找到相關資料……。」

此時我的手機這時突然振動，收到簡訊："Hi! We arrived at Taipei. Let's have dinner at

Westin. ……"，原來是Daniel和Stephen，他們已經飛抵台北了。

雖然已經下課，但學員還是圍著他，踴躍地提出問題尋求解答，在教室外向Adam簡單道別後，便前往Westin與Daniel和Stephen碰面。

真是溫馨的場面，多年不見的老同學，陸陸續續都來到會場，入口簽到區的熱鬧氣氛，很快地讓四處跑動的小朋友，將歡樂的情緒充滿整個會場，端著雞尾酒的服務人員四處穿梭；這次是由Daniel、Stephen、Wendell與我四個人共同主辦，Wendell是本班的班代表，最近因為他的小孩剛剛出生，所以由我們三個負責同學會的各項事宜。

我們請Stephen負責接送師長，會場的主持人是Daniel，請班上最活潑的Nancy擔任司儀，今天Nancy的老公John先送她到會場，並且義務協助我們場控。

經過幾年不見，有些同學的身材也明顯地改變了，在學生時代Sophia有點豐腴的身材，現在真是不可同日而語，不但凹凸有緻，皮膚也明顯地變白了。老遠就可以注意到她，而且已經看到有不少女士們，似乎正在向她請教呢。

Daniel與Stephen回到台北，當晚我們便決議希望能使這次活動更有意義，因此，除了用餐場地之外我們還預備了兩個廳，一個是親子活動廳，現場準備許多造型氣球與玩具，Sunny事前已規劃適合小朋友的團康活動，親子遊戲可以在此進行，另一方面，大人們則安排到知識成長廳，讓老同學們有機會分享自己寶貴的知識與經驗，在這裡預備了投影簡報設備、Internet寬頻上網、視訊錄音設備……等，主題與內容已在籌備會議決定，我們請Mark、Tony、Jennifer以及Justin教授預作準備，以每位大約十五到二十分鐘的時間來分享知識。

現在同學們都在各行各業發展，見面的時間也相對有限，希望這樣能讓大家都滿載而歸。

第二章　ISO國際標準的重要觀念

Mark目前任職於協助企業取得ISO認證的公司，經驗豐富的他自然是此次ISO議題主講人。Mark先向師長與老同學們問候，便開始進行分享ISO的議題。

品質概念的沿革

簡單地開場之後，Mark說：「在工業時代的初期，大家所認爲的『品質』僅是指產品的檢驗；直到本世紀初，科技的快速進步與大量生產，爲了能簡化產品裝運、驗收的檢查過程，統計理論的抽樣檢驗方式已逐漸取代傳統的產品檢驗方法。隨著產品運輸過程的複雜化，除了產品本身的品質，運輸作業過程也成爲影響消費者能否享受產品品質的關鍵因素（因爲，運送過程若有不當，將導致產品破損）；貝爾實驗室的Walter Shewhart在一九二四年提出運用控制圖表（control chart）的統計方式，來掌握產品運輸過程的作業品質。到了第二次世界大戰期間，這套方法被應用於美軍的品質規範中（ZI.1～ZI.3），以確保軍需品的品質。爲因應現實的需求，到了一九五〇年代，美國軍方提出MIL-Q9858的採購（procurement）作業品質標準，這份採購作業標準是有史以來首次規範採購合約明細內容的品質規範，隨後英國也提出類似的品質規範。這個時期，主要著重於要求供應商的品質，不但產品必須符合規格，還需注重供應商的企業組織是否健全；在這個時期，主要的議題就是『品質保證』（quality assurance）。在這段時期裡，許多品管的名詞，如品質控制（quality control）、內部品質保證（internal quality assurance）、外部品質保證（external quality assurance）、品質管理（quality management）、全面品質管理（total quality control）……等，由於缺乏明確定義加以區別，所以，大家對這些名詞的概念也有不同的理解。」

「到現今這個年代，企業的經營已由大量生產的模式，演進爲客戶導向的模式，『品質』概念逐漸強調客戶導向的重要性，最顯著的特點就是企業的主要活動必須在品質體系中，透過規範、建立標準與作業規則加以有效管制；因此，強調『品質』的關鍵在於預防、檢驗、解決作業的品質問題，注動員工技能訓練，提高員工品質意識，藉著取得品質認證，以確保消費者對企業品質的信任。」

圖2-1　品質概念的沿革

「為了幫助大家理解，我先簡單解釋幾個名詞：品質保證是指利用檢驗（inspection）與統計抽樣方法，檢查與預防不良品的措施；品質管理是指為了提高客戶滿意度所推動的品質措施，著重在企業品質政策的層面，是由上而下的品質意識，其範圍超過品質保證所涵蓋的範疇；全面品質管理（total quality management）則包含了客戶、員工與企業擁有者的滿意度，涉及的層面更廣泛。請看投影幕」，Mark用紅色光標筆指向投影幕。（圖2-1）

「ISO 9000所涵蓋的是品質保證與品質管理的層面。」

1.範圍
2.參考標準
3.定義
4.品質制度之要求
- 4.1 管理責任
- 4.2 品質制度
- 4.3 合約審查
- 4.4 設計管制
- 4.5 文件及資料管制
- 4.6 採購
- 4.7 客戶供應品之管制
- 4.8 產品之鑑別與追溯性
- 4.9 製程管制
- 4.10 檢驗與測試
- 4.11 檢驗、測量與測試設備之管制
- 4.12 檢驗與測試狀況
- 4.13 不合格品之管制
- 4.14 矯正及預防措施
- 4.15 搬運、儲存、包裝、保存與交貨
- 4.16 品質紀錄之管制
- 4.17 內部品質稽核
- 4.18 訓練
- 4.19 服務
- 4.20 統計技術

圖2-2　ISO品質制度綱要

ISO 9000系列

Mark切換到下一張slide，「ISO 9000系列是由大約二十條指導綱要所組成的品質標準，用以建立、改善、支持、規範企業的品質體系。ISO的優點是可以運用到各種行業，概念淺顯易懂，具有高度的結構性，而且可以配合企業的特性，選用適合的條款。」（圖2-2）

「ISO 9000系列是由ISO/TC 176委員會所設計，這個技術委員會的研究著重於組織內部的品質保證與品質管理體系，其下有三個附屬的SC

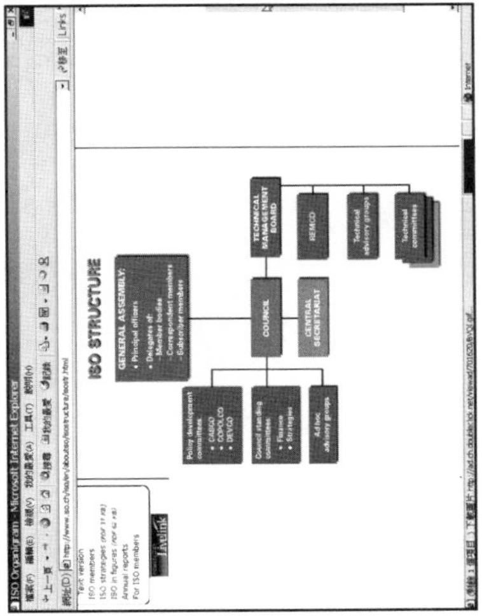

資料來源：ISO網頁。

圖2-3 ISO委員會的組織架構圖

(Subcommittee)與多個WG(Working Group)以及TG(Task Group)，SC、WG、TG之間分層負責，共同建構ISO 9000系列品質管理體系所需的各項規範」。Mark顯示ISO委員會的組織架構圖。（圖2-3）

「在ISO的網站上有更多資料可供參考，現在我連到ISO的網站讓大家看看」，投影幕顯示http://www.iso.ch網站的畫面。

「在standards development的項目內，我們選擇list of technical committees」，這時就出現ISO國際標準組織內所有的技術委員的畫面。

「可以看到ISO國際標準組織所服務的範圍非常廣泛。在TC 176技術委員會目前由加拿大籍的P. Caillibot博士擔任主席，從資料上可以查到有六十六個國家已經參與TC 176技術委員會。」

「接下來，要介紹組成ISO 9000系列的主要部分。ISO 9000系列是由：一、品質術語定義（quality terminology）；二、品質概念準則（quality concepts roadmap）；三、品質系統要素（quality system elements）；四、外部品質保證（external quality assurance）；五、品質技術（quality technology）等五個部分組成，這五個部分再細分出細項的品質標準。」

「在推動ISO時，企業先依據ISO 9000-1的品質概念準則選擇企業適用的標準；ISO 9004-1對品質管理體系應有的要素有詳細的介紹，企業可以運用ISO 9004-1協助規劃企業的品質體系；ISO 9001包含有二十項品質條款，其範圍涵蓋了設計（design）、開發（development）、生產（production）、安裝（installation）、服務（service）等五項作業（process）的品質標準；由於，並不是每家企業必須從事產品的設計，這些企業就可選用ISO 9002的品質標準，包含十九項品質條款的ISO 9002所涵蓋的範圍是開發、生產、安裝、服務等四項作業。另外，ISO 9003則是針對產品的最終檢驗與測試的品質標準，由十六項品質條款所組成。這張slide顯示的是ISO 9000系列的全貌。」（圖2-4）

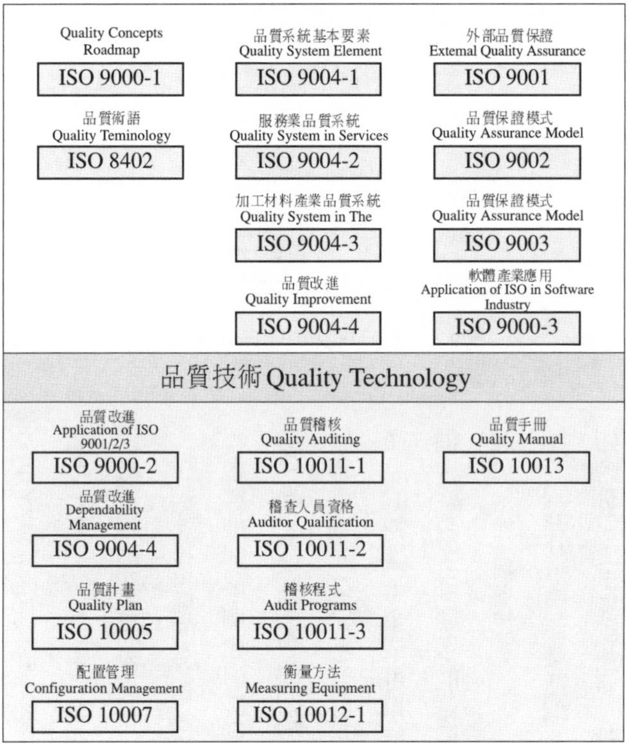

圖2-4　The ISO 9000 系列家族

「除了提供品質體系的規範與標準，ISO組織對適用的品質技術也加以規劃，由ISO 10001到10020是品質技術的相關規範。」

「在ISO國際標準組織的規劃中，所有產業都可以應用ISO標準，不論是大型企業或小公司，不論是私人組織或政府機構，都可依照ISO的產品種類來分類。ISO的所歸納的產

圖2-5　產品種類與適用品質準則

品種類有四大項：硬體類（hardware）、軟體類（software）、服務類（services）、加工材料類（processed materials），再加上一個綜合類（combination），就是ISO組織所歸納產品的五個類別。」

「配合這樣的分類，ISO國際標準組織訂定相應的品質指導準則，例如，ISO 9004-1是硬體類的指導準則，ISO 9004-2是服務類的指導準則，ISO 9000-3是軟體類的指導準則，ISO 9004-3是加工材料類的指導準則。依照產品的特性，企業可以依照分類圖，選用適合的指導原則。這張slide顯示的是產品種類與適用品質準則的對應關係。」（圖2-5）

「另外，由作業種類也可區分出不同的品質標準，例如，ISO 9001就涵蓋：設計、開發、生產、安裝、服務等作業的品質標準；ISO 9002則涵蓋：開發、生產、安

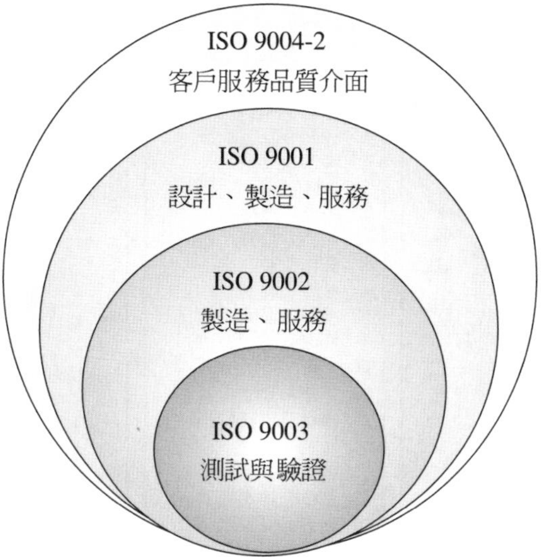

圖2-6　作業種類與適用的品質標準

裝、服務這四項作業的品質標準：ISO 9003則是針對最終檢驗與測試的品質標準。ISO 9004-2則更廣泛地規範客戶關係與服務品質提昇的作業標準。接下來的slide顯示不同作業種類與各項品質標準的對應關係。」（圖2-6）

「依據品質標準所訂定的各項條款，才能規劃適合的品質系統與作業方式。所以，我們很快的對照ISO 9001、ISO 9002、ISO 9003之間的品質條款，讓各位明白其中的差別。」（圖2-7）

「前面概要地介紹ISO 9000系列，接下來我們要探討ISO 9000系列品質

ISO 9003：1994	ISO 9002：1994	ISO 9001：1994
1. 管理責任	1. 管理責任	1. 管理責任
2. 品質制度	2. 品質制度	2. 品質制度
3. 合約審查	3. 合約審查	3. 合約審查
4. 文件及資料管制	4. 文件及資料管制	4. 設計管制
5. 客戶供應品之管制	5. 採購	5. 交件及資料管制
6. 產品之鑑別及追溯性	6. 客戶供應品之管制	6. 採購
7. 檢驗與測試	7. 產品之鑑別及追溯性	7. 客戶供應品之管制
8. 檢驗、量測與測試設備之管制	8. 製程管制	8. 產品之鑑別及追溯性
9. 檢驗與測試狀況	9. 檢驗與測試	9. 製程管制
10. 不合格品之管制	10. 檢驗、量測與測試設備之管制	10. 檢驗與測試
11. 矯正措施	11. 檢驗與測試狀況	11. 檢驗、量測與測試設備之管制
12. 搬運、儲存、包裝、保存與交貨	12. 不合格品之管制	12. 檢驗與測試狀況
13. 品質紀錄之管制	13. 矯正及預防措施	13. 不合格品之管制
14. 內部品質稽核	14. 搬運、儲存、包裝、保存與交貨	14. 矯正及預防措施
15. 訓練	15. 品質紀錄之管制	15. 搬運、儲存、包裝、保存與交貨
16. 統計技術	16. 內部品質稽核	16. 品質紀錄之管制
	17. 訓練	17. 內部品質稽核
	18. 服務	18. 訓練
	19. 統計技術	19. 服務
		20. 統計技術

圖2-7　ISO 9001、ISO 9002、ISO 9003條款對照比較

標準的核心議題：品質管理。ISO 9000系列的品質管理包含了：一、品質規劃（quality planning）；二、品質控制（quality control）；三、品質提昇（quality improvement)；四、內部品質保證；五、外部品質保證等五項核心議題。」(圖2-8)

「『品質規劃』是指根據企業的目標，訂定具體的品質政策，規劃短、中、長期各階段的品質目標，並且讓各項作業能夠遵照品質政策，達成各階

圖2-8　ISO五大核心議題

段的品質目標。『品質控制』是在探討企業達成品質目標的過程中，所採用的品管技術與措施。當品質無法達到預期目標，組織就必須進行『品質提昇』的活動，這是種循環而且連續性的品質活動，根據品質紀錄與評估結果，企業可調整稽核的重點。『內部品質保證』較偏重於達成企業品質目標的信心，藉由內部稽核與檢查程序，判斷企業品質體系是否能達到品質目標並且有效率地運作。『外部品質保證』是由客戶的角度檢視企業的品質體系的成效，強調企業必須將品質檯面化，就是透過認證的取得，能讓客戶相信企業品質體系的有效性，進而對企業的產品或服務產生信任。」

「事實上，我們可以用四個構面將ISO 9000

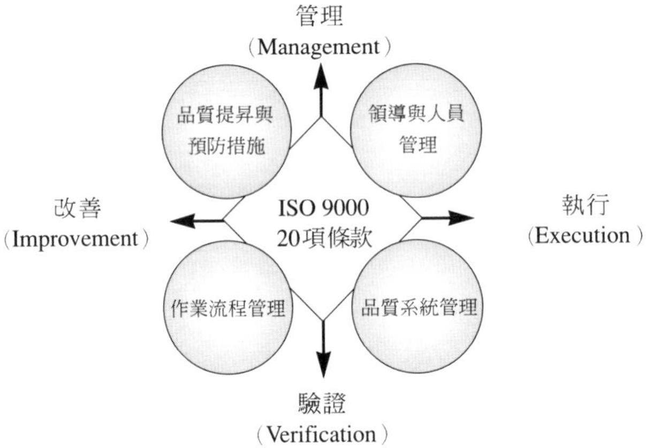

圖2-9　ISO 9000四大構面

系列的二十項條款加以歸類，這四個構面是：一、領導與人員管理；二、品質系統管理；三、作業流程管理；四、品質提昇與預防措施。」（圖2-9、2-10）

「第一個構面是『領導與人員管理』，著重品質系統的政策、目標、管理者的支持與承諾、組織與品質管理體系的配合、管理與審核的制度、內部稽核程序、人員訓練……等。第二個構面是『品質系統管理』，強調品質紀錄應有系統地文件化，包含：品質手冊、作業程序、工作指導與工作說明書、文件更新程序、文件簽核程序……等品質管理的文件與執行過程的紀錄。『作業流程管理』是第三個構面，由產品生命週期過程的角度

ISO 9000品質條款	①	②	③	④
1. 管理責任	V			
2. 品質制度	V	V		
3. 合約審查			V	
4. 設計管制			V	
5. 文件及資料管制		V		
6. 採購			V	
7. 客戶供應品之管制			V	
8. 產品之鑑別與追溯性			V	
9. 製程管制			V	
10. 檢驗與測試			V	
11. 檢驗、量測與測試設備之管制				V
12. 檢驗與測試狀況				V
13. 不合格品之管制				V
14. 矯正及預防措施				V
15. 搬運、儲存、包裝、保存與交貨			V	
16. 品質紀錄之管制		V		
17. 內部品質稽核	V			V
18. 訓練	V			
19. 服務			V	
20. 統計技術				V

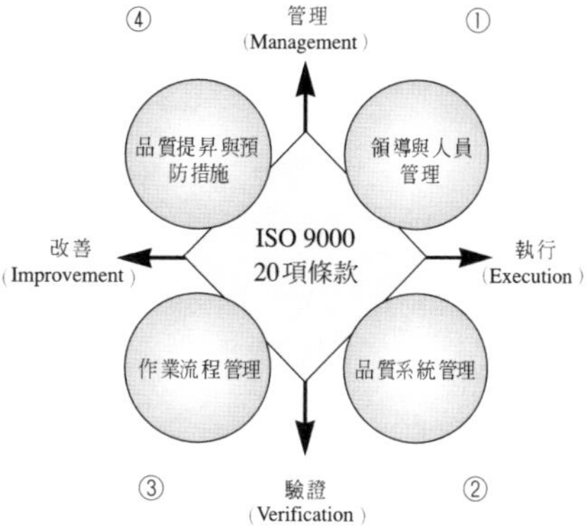

圖2-10　ISO 9000四大構面與品質條款對照表

來規範各階段所需的品質活動，ISO國際標準組織提供這張圖來說明產品的生命週期。」（圖2-11、2-12）

「最後一個構面『品質提昇與預防措施』則是強調品質體系需要管理者不斷的支持，品質是一項持續性的活動，企業需要建立矯正與預防的措施。」

「對於服務業，我們引用ISO國際標準組織所歸納的要素圖，簡要說明服務業品質管理的重點。」

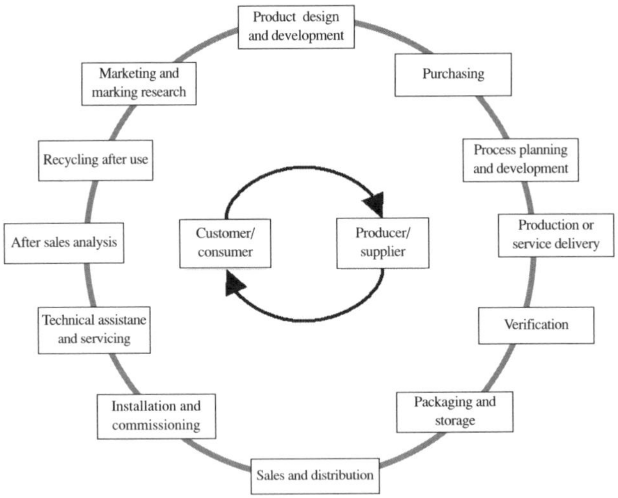

資料來源：ISO 9004-1：1994。

圖2-11　品質活動週期

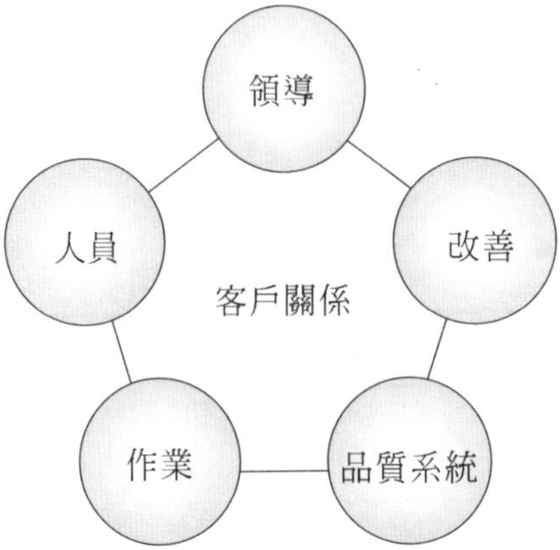

圖2-12　服務業品質要素

「在這張圖中，客戶關係管理位在服務業品質管理的核心位置，這在強調企業要重視客戶服務人員所回饋的客戶意見，因爲這是提高客戶滿意度的趨動力。對服務品質的承諾，以及品質措施的推動，都取決於管理者是否能將品質政策與客戶滿意度密切結合。要重視人力資源與教育訓練，這都是強化員工責任心的重要措施，能幫助企業維持良好的客戶關係。要善用品質系統的各種文件，以減少人員流動對服務品質的影響；此外，完整的品質文件，能使流程的運作更爲順暢。對於流程與品質改善措施的管理，也要以客戶的角度出發，透過持續改善流程上的弱點，並加強人員對服務品質的認識，才能使服務品質逐步提昇。」

FMECA分析方式

「我們在協助客戶導入ISO標準時，經常運用FMECA分析，幫助企業預防品質管理過程上潛在性失誤（potential failure）的發生。FMECA（Failure, Mode, Effects, and Critical）分析，可以藉著分析潛在性失誤發生的機率與結果的嚴重程度（severity），協助企業對作業事前的風險評估，與危機處理程序的擬定。」（圖2-13）

「FMECA分析最早是由航太產業中發展出來，後來也成功地在汽車製造業得到廣泛運

定性分析				定量分析									
				風險評估				預防措施		實施後之結果			
作業名稱	可能的問題	影響	可能的原因	無法檢測	發生機率	嚴重性	風險值	建議方案	實施	無法檢測機率	發生機率	嚴重性	風險值
自動提款機	金融卡無法識別	客戶不滿意	磁條受損	3	6	6	108	1.加強磁頭檢修 2.提升磁條品質	2	2	3	6	36
	金融卡無法退出	客戶非常不滿	提款設備故障	3	4	10	120	1.改善提款機控制系統	1	2	2	10	40
	提領金額不符	客戶非常不滿	紙抄破損	4	4	10	160	1.加強紙鈔的檢查	1	1	1	10	10
				(1-10)	(1-10)	(1-10)				(1-10)	(1-10)	(1-10)	

圖2-13　FMECA分析表

用。這個分析方法是由三個角度：一、問題發生的機率；二、無法檢查出問題的機率；三、造成影響的嚴重程度，來進行問題的風險評估。實際的作業分析兩個階段，第一階段是定性分析（qualitative analysis），評估這些潛在問題可能的模式、發生的原因、造成的影響，第二階段採定量分析（quantitative analysis），藉著對風險程度、預防措施與最低影響程度的量化指數，這樣就可以對潛在問題發生的風險加以評估，並且對各種預防措施的成效也能在事前加以評估。」

常用分析方法 / ISO 9000 品質條款	作業流程分析 Process Flowchart	最佳效能比較 Benchmarking	統計作業控制 Statistical Process Control	失效模式、影響、重大性分析（FMECA）	統計抽樣計畫 Sampling Plan	實驗設計 Design of Experiment	效能指標 Performance Indicator
1. 管理責任	V	V					V
2. 品質制度	V	V					V
3. 合約審查	V						V
4. 設計管制	V	V		V		V	V
5. 文件及資料管制	V						
6. 採購				V	V		V
7. 客戶供應品之管制							
8. 產品之鑑別與追溯性							
9. 製程管制	V	V	V	V		V	V
10. 檢驗與測試	V		V		V		
11. 檢驗、量測與測試設備之管制	V	V	V	V			V
12. 檢驗與測試狀況							V
13. 不合格品之管制	V						V
14. 矯正及預防措施		V		V			V
15. 搬運、儲存、包裝、保存與交貨	V	V		V		V	
16. 品質紀錄之管制							
17. 內部品質稽核	V						V
18. 訓練							V
19. 服務	V		V	V		V	V
20. 統計技術			V		V	V	

圖2-14 品質管理分析工具

「除了FMECA分析方法，還有許多品質管理的分析工具可以選擇。針對ISO 9000系列的二十項條款與其適用的品質管理分析工具，這裡有份對照表，可供參考」（圖2-14）

企業如何導入ISO

「一般來說，我們會建議企業採用三階段（準備階段、推動階段、運作階段）的方式導入ISO。準備階段的主要工作是成立

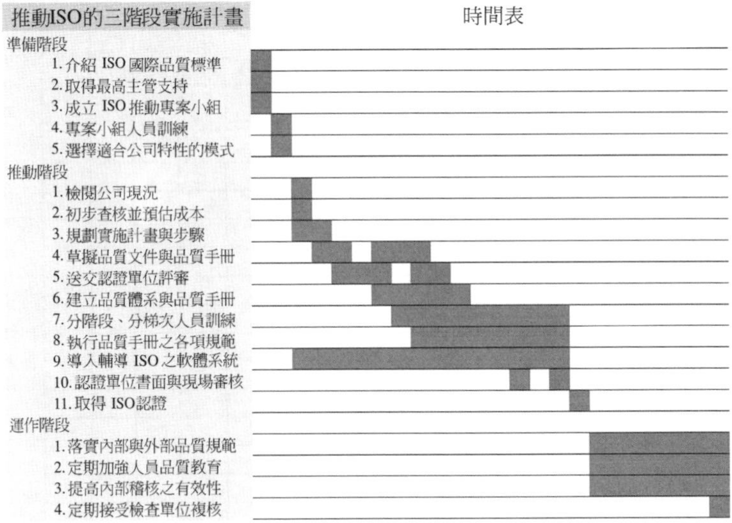

圖2-15　導入ISO的三階段實施計畫

正式的ISO推動小組，以及ISO推動小組的成員訓練，根據組織作業與產品特性，由ISO推動小組選定適合的品質標準（ISO 9001、ISO 9002、ISO 9003或ISO 9004-2）；推動階段的主要工作是檢視公司的短、長期策略和各項政策，評估目前企業品質水準與國際品質標準要求之間的差異程度，訂定明確的行動計畫，擬定企業的品質手冊、文件、作業程序與品質計畫，落實人員的訓練，並且保留各項品質紀錄；運作階段的主要工作是取得品質認證，持續性地改善品質，並定期接受認證單位的檢查，以確保品質體系

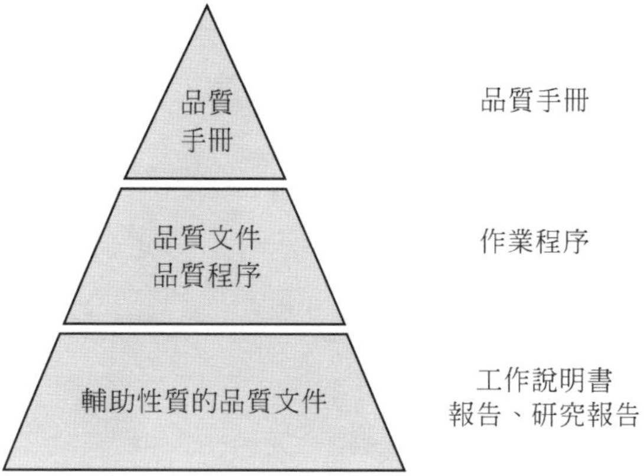

圖2-16　ISO品質文件架構

正常運作。」（圖2-15）

ISO品質文件架構

「ISO品質標準是依靠品質文件爲運作的基礎，因此，企業必須依照ISO條款的要求，建立企業品質文件的架構。依據這個架構，企業可訂定所需的品質文件及作業程序。」（圖2-16）

「各位可以看到品質文件的體系是由上而下的結構，依序是品質手冊，作業程序，最底層則是工作說明書、表單以及各式報告……等支援、輔助文件。依據這種系統性的關聯，任何人都可以從最上層的品質手冊，循著由上而下的結構，找到所需的作業程序或工作說明書。

由於強調文件架構的完整性，品質文件的更新

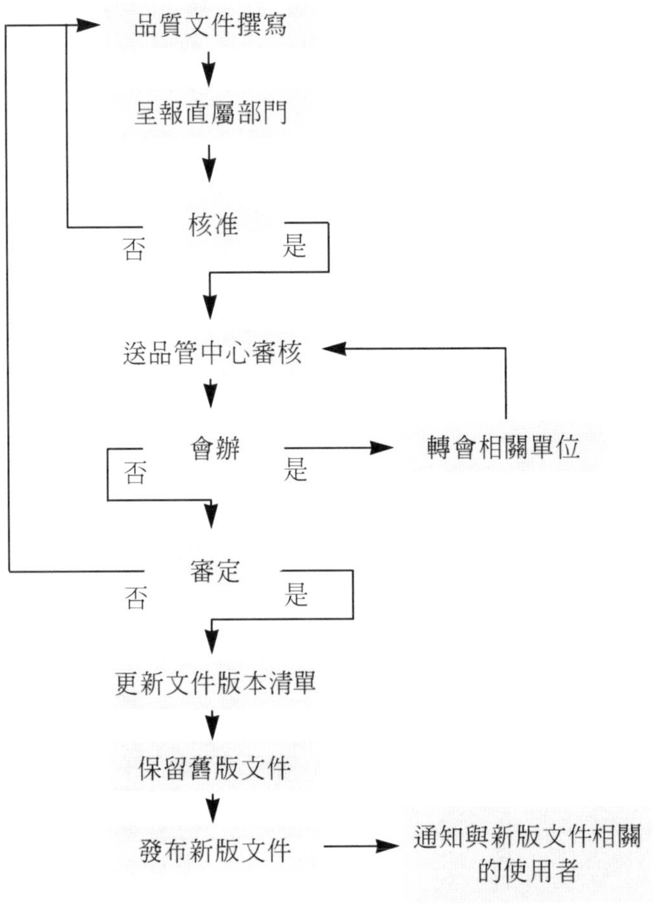

圖2-17　品質文件的更新程序

也必須遵照一定的程序才能更新。」（圖2-17）

「新的品質文件必須先通過部門內部審核，再送交品質管制中心複審，如果通過複審，就可以更新品質文件控制清單的內容，將原始文件妥善保留後，就可以將新的品質文件公布，在公布之前要先知會即將受到新的品質文件影響的單位或人員，並施以必要的訓練（例如，使用新文件的注意事項、應注意的改變……等）。如此，才會讓品質文件的更新，適時反應到實際作業流程上，最後達到預期的品質目標。」

「只要遵照ISO 9000系列的品質條款，企業可以視需要訂定所需的品質文件。對於既有的品質文件，如果發現有適要調整的部分，也可以遵照文件更新的程序加以更新。」

「大家想瞭解ISO的品質條款是如何制定的嗎？」從ISO網站即可查尋到相關資料。

「如果您還想多瞭解ISO的網站上更多的資訊，點選在右上角選單內的Site map功能，我們可以從網站索引地圖中看到網站上所有的資訊分類架構。」

「或是利用查詢功能，這兩項功能可以協助我們更直接連結到所需的資訊。」

內部品質稽核程序

「藉著內部稽核（audit）程序，檢討各項品質活動的結果是否符合設定的品質目標，並評估是否須採行改善措施，才能確保品質系統持續有效地運作。」

「像我們一般協助企業進行稽核的方式有：書面審查、現場稽核、對協力廠商的外部稽核、產品稽核、組織內部稽核。定期性的稽核，週期至少每六個月稽核一次，有時也會依部門特性來安排稽核的週期，像設計、製造、品保、行銷等部門，通常每季稽核一次；至於，人力訓練部門就可以半年稽核一次。如果碰到情況特殊，我們也會進行不定時的稽核。」

「稽核的過程大致上是如此：先透過各種管道蒐集資料，做爲現場稽核時的工作計畫與分配的參考，在稽核計畫中我們會明訂稽核的目的與範圍、受檢單位的直接負責人、職級與職掌、預定的稽核日期、時間與地點，各項保密要求……等重要事項，並在事前與受檢單位主管充分溝通，提出受檢單位事前應準備的資料與工作事項。」

「進行正式的稽核時，先與受檢單位共同舉辦稽核說明會，說明稽核的目的與範圍，以及其他注意事項。」

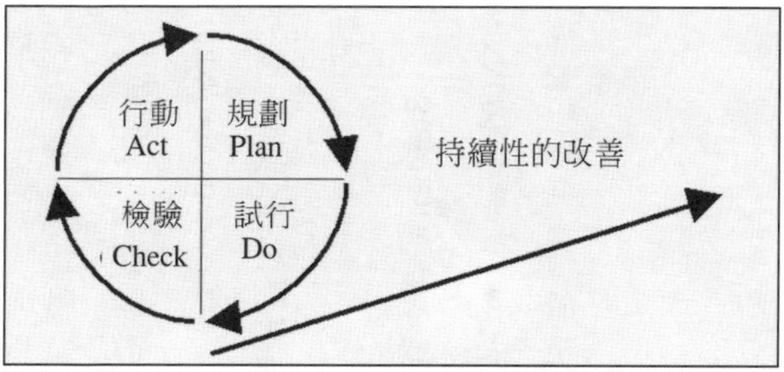

圖2-18　PDCA程序圖

「依照個人經驗，採用這樣的過程會得到較好的稽核效果，受檢部門與受檢人員受到的干擾程度可以降低，比較不會碰到情緒性的反應，也達到發掘受檢單位眞實情況的目的。」

PDCA持續改善程序

「通常，爲了能達到持續改善品質的目標，我們進行稽核的同時，還會推廣PDCA(Plan, Do, Check, Act）的程序。這是個很簡單的觀念，就是先規劃、試行、檢驗結果，再採取正式行動。」在投影幕上，Mark顯示PDCA的程序概念圖。（圖2-18）

最新發展

「我們也跟隨著國際化的腳步而不斷地修正各項品質標準，這個部分在ISO、BMSI的網站上有最新的資訊。」

「全球經濟國際化的發展，爲了移除國際貿易之間的障礙，各國對於關稅與產品品質的要求日趨一致，但自由化與標準化的發展，相對於國家或企業的競爭力卻又必須加以保護，因此『技術性貿易障礙協定』非常值得大家參考。」

「如果您想參考更詳細的技術性貿易障礙協定或WTO相關資訊，可以連結到網址http://www.wto.org。」

「基於貿易的需要，如果您想知道其他國家或地區相關的品質標準可以參考BMSI的網站。」

Stephen起身感謝Mark精采的簡介，全場響起不斷地鼓掌聲；Nancy則安排Adam與Justin及Mark留影，隨後有不少同學上前請教Mark相關的問題，現場再度熱鬧起來，小朋友們的活動也剛結束，於是走廊上又充滿了孩童的笑鬧聲。

由於，產業全球化的速度加快，就連企業之間競爭的速度和模式都在改變，企業對於知識管理、知識經濟、新經濟（New Economic）愈來愈重視。在新經濟的時代，政府提出「知識經濟發展方案」以及多項措施，希望及早建構台灣知識經濟發展的大環境，藉著企業知識管理技術的引進，現有的企業知識能持續累積、有效應用，以創造台灣產業的優勢與競爭力，成為支持台灣經濟不斷發展的動力。

據我所知，有不少企業早已經推動知識管理，可是推動的成果似乎十分有限，所以，我們在內容上也安排知識管理的議題，讓同學們能夠分享這方面的寶貴經驗。目前，Tony的工作就是協助企業推動知識管理，當然啦，他就是為同學們介紹企業知識管理的最佳人選。

在Mark簡介ISO 9000系統國際品質標準之後，接下來的主題，就是企業知識管理。在Tony調整投影片檔案的同時，Wendell招呼同學們到廳外的吧檯，我們有安排點心與飲料。有些小朋友很好奇，就趁著這段時間，跑到這個廳來玩玩，有了小朋友的歡笑聲，廳裡的氣氛就更像同學會了。

Stephen看到Tony將設備調整完畢，便請Nancy通知大家就位，我看到廳裡還多了幾位小聽眾。

第三章　知識管理的重要觀念

Stephen在推動知識管理（Knowledge Management）也是透過Tony與John的協助才逐步產生效果。所以，我也希望能聽到在實務上如何推動企業的知識管理。

Tony先向師長與老同學們問候，便開始進行知識管理的議題。

知識管理的沿革

Stephen公司的企業知識管理也是經由Tony與John的協助才逐步產生效果。所以，我也希望能聽到實務上如何推動企業的知識管理。

Tony先用很輕鬆的口吻說："This is not a new trick! So everyone can learn." 這立刻讓我聯想到一句英文成語。待現場笑聲暫歇，Tony接著說：「知識和經驗，都是隱性的，也就是看不到、聞不到、摸不到，可是卻能表現在人的行爲裡。如果，這些隱性的知識和經驗無

□揚智文化事業股份有限公司 □生智文化事業有限公司

謝謝您購買這本書。

爲加強對讀者的服務，請您詳細填寫本卡各欄資料，投入郵筒寄回給我們(免貼郵票)。

E-mail:tn605541@ms6.tisnet.net.tw

網 址:http://www.ycrc.com.tw

（歡迎上網查詢新書資訊，免費加入會員享受購書優惠折扣）

您購買的書名：________________________

姓　　名：__________

性　　別：□男　□女

生　　日：西元______年____月____日

TEL：(____)__________　FAX：(____)__________

E-mail： 請填寫以方便提供最新書訊

____

專業領域：____________________________

職　　業：□製造業　□銷售業　□金融業　□資訊業

□學生　□大眾傳播　□自由業　□服務業

□軍警　□公　□教　□其他______

您通常以何種方式購書?

□逛 書 店　□劃撥郵購　□電話訂購　□傳真訂購

□團體訂購　□網路訂購　□其他______

對我們的建議：

106-

台北市新生南路3段88號5F之6

揚智文化事業股份有限公司 收

地址：

市 鄉鎮 市區

縣

路（街） 段 巷 弄 號 樓

（請用阿拉伯數字書寫郵遞區號）

法保存，也就沒有必要討論。還好，我們有一套方法可以管理這些隱性知識；而且這套方法不是隱性的，是顯性的，所以各位可以看到我所準備的投影片」，現場笑聲不斷。

「獲利，是企業經營最要緊的事。假使知識管理能夠幫助企業獲利，那這項管理措施才能在企業內生根，企業才有必要花錢、花時間、投人力來支持這項活動。要用顯性的方法來管理企業的隱性知識，這原本就不太容易；對於非常忙碌的老闆和企業員工，要說服他們每天抽出時間來進行知識分享，建立學習型的企業文化，這幾乎是天方夜譚。」

「事實上，理性主義、經驗主義是人類對心靈和意識的探索最早的範疇，遠從希臘時代柏拉圖、亞里斯多德的哲學論證爲其代表。透過哲學、心理學、醫學……等科學的研究，對於人類隱性層面已有初步認識。雖然我們仍無法完全掌握人類的隱性層面，但有些應用已十分普偏，例如，心理測驗、血型／星座／個性的研究、面相／手相……等。」

「經由管理學者的研究，在人類隱性層面逐步應用到企業管理的範籌，例如，潘羅斯在一九五九年就提出『公司是知識的寶庫，公司在本質上是知識的倉庫』；彼得杜拉克在一九六〇年提出『資訊社會即將轉型爲知識社會』；聖吉則提出『學習型組織』的具體概

學者	主要論述	年代
潘羅斯	公司是知識的寶庫	1959
杜拉克	知識工作者，知識工作、知識社會	1960
波蘭義	以形式來強調內隱知識	1966
聖吉	學習型組織	

圖3-1　知識管理的沿革

念。」（圖3-1）

「知識是一種無限成長的資源，能夠隨著使用而成長的資產。這些知識管理的思潮主要在強調：一、以資產的角度來看待企業知識；二、知識必須結構化、分享、再利用；三、知識要對企業、顧客、員工產生價值。」

知識轉換的過程

「直到一九九一年，野中郁次郎（Ikujiro Nonaka）及竹內弘高（Hirotaka Takeuchi）提出『內隱知識』與『外顯知識』概念及『知識螺旋』（spiral of knowledge）理論，企業知識管理的架構才逐漸成型。」

「野中郁次郎定義的『內隱知識』是指『無法用文字或句子表達的主觀且實質的知識』。他們綜合學者對內隱與外顯知識的研究，列出一些有關內隱與外顯知識的區分。」

	內隱知識	外顯知識
所有權	附於擁有此知識的個人，難以複製、轉移	可以透過法律保護，容易複製、轉移
實例	經驗、智慧、Know-How	專利、設計圖、公式、程式碼

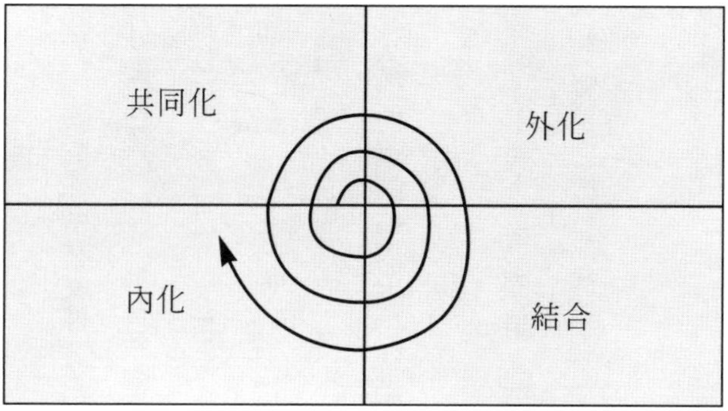

資料來源：Nonaka（1995）.

圖3-2　知識轉換的過程

「野中郁次郎在『知識螺旋』理論指出：從『內隱知識』到『外顯知識』的轉換過程，是透過四個步驟：一、共同化；二、外化；三、結合；四、內化。」（圖3-2）

「知識主要是靠專家與專家之間互相激盪才能產生。不同領域的專家之間，相互分享各自的『內隱知識』，這種個人之間達成知識共享的過程，稱爲『共同化』。將分享得來的『內隱知識』，例如，構想、設計、經驗、計畫……等予以文件化或結構化，也就是轉換爲『外顯知識』的過程，稱之爲『外化』。能夠『外化』的知識、經驗才能保存。」

「如果僅僅將知識、經驗保留在文件或儲存在媒體上，這些知識還是無法發揮作用。所以，必須讓這些『外顯知識』能夠很有效率地使用，並且可以相互關連，這種進一步整合『外顯知識』的過程稱爲『結合』。」Tony用指標光筆指向「知識螺旋」圖的最後一段曲線，「最後這段轉換過程是最重要的階段，就是在自己實作的過程中，切實應用他人所儲存的知識，並驗證其有效性、正確性，最後轉換成屬於自己的知識、經驗，這個過程又稱爲『內化』。野中郁次郎便強調『內化』就是'learning by doing'，知識唯有透過『內化』之後，才能產生效益。」

「根據我們的經驗，不論企業是採用入口網站（portal）或是搜尋引擎（search engine）技術，如果企業的知識管理體系無法落實『內化』的過程，所推動的知識管理就不會產生實際的效益。」

「透過共同化、外化、結合、內化的過程，企業內的現有的知識就可以透過擷取與貯存、整合與傳遞、應用與創造等步驟來加以管理。」

「我再舉個例子：企業的員工到公司上班，尤其是那些知識工作者，他們的知識、經驗得以讓他們在工作上產生績效，他們來公司上班，這些知識、經驗就能夠爲公司服務，幫企業產生價值；員工下班之後，這些知識、經驗也跟著離開公司；他們在床上休息，這些知識、經驗也乖乖地躺在床上。這樣看來，員工的知識、經驗能夠在公司服務的時間實在非常有限，也許有部分能夠保留在堆積如山的檔案內，但如果沒有辦法有效地擷取，這些知識也無法運用。」

「就算企業建置良好的查詢與網路系統，讓員工能夠很快速地擷取相關的知識、經驗，倘著沒有妥善地加以驗證，那麼應用這些知識風險反而更大。這也是很多企業推動知識管理體系一段時間後，經常碰到的問題—不確信這些保存的知識是否正確，就是因爲缺少了正確性、有效性的驗證機制。」

「我們常常將知識管理的過程，也就是企業發掘現有知識，並加以保存與有效應用的過程，形容爲『挖腦礦』。因爲開採也需要支出成本，如果這個『腦礦』眞的那麼有價值，當然就值得開採。」

「對於知識的價值，我們可以用光譜來比喻隱性知識與顯性知識之間的相對價值；在越

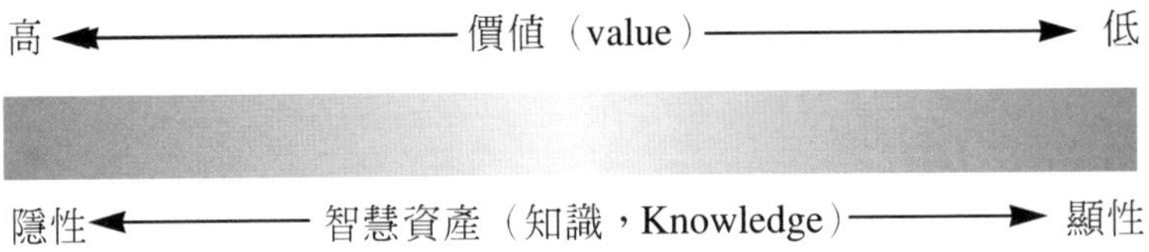

圖3-3　知識價值光譜

是偏向隱性的知識，其相對於顯性知識的價值就越高。顯性知識與隱性知識之間相對價值的高低關係，就形成了所謂的『知識價值光譜』。」

「透過知識價值光譜，我們可以確信企業隱性資產非常值得開發，因爲相對於顯性知識，隱性知識能爲企業帶來更高的價值。」（圖3-3）

知識的市場價值

「Edvinsson, L.和M. S. Malone認爲『智慧資本』（intellectual capital）是指企業的員工和團隊，能爲公司產生競爭優勢的一切知識與能力。因此，能夠幫企業創造出利潤的知識、技術、資本、經驗、資訊、組織能力、學習能力、團隊合作能力、顧客關係、產品品牌、企業形象……等都可歸類爲企業的智慧資本。」

「在一九九七年Edvinsson, L.和M. S. Malone提出的價值平台，將

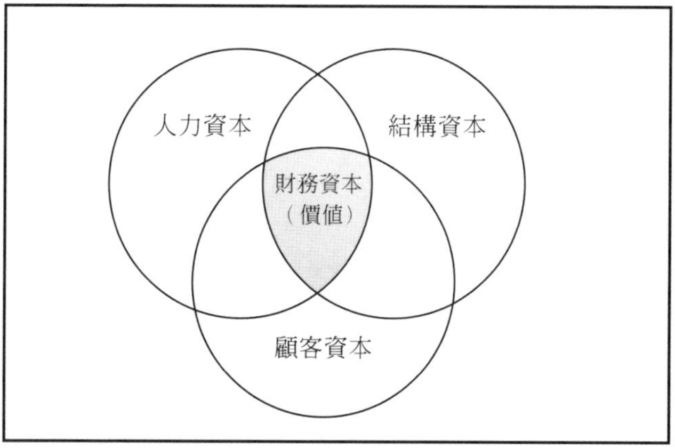

資料來源：Edvinsson, L. and M. S. Malone（1997）.

圖3-4　智慧資本的財務價值關係

智慧資本分成：一、人力資本（human capital）；二、結構資本（structural capital）；三、顧客資本（customer capital）三個部分。『人力資本』就是員工能爲顧客解決問題的能力，這項能力往往是創新、改良的源頭；『結構資本』例如，公司制度、企業策略、企業文化、業務程序、資訊系統、資料庫、組織架構、製程、品質管理體系、專利：：等，是指供人力資源能夠一再發揮功效以創造企業更多價值的能力；『顧客資本』是指企業與上、下游的供應商與客戶之間的關係，這種智慧能同時影響企業的成本與收益。」（圖3-4）

「企業的財務資本是由人力資本、組織資

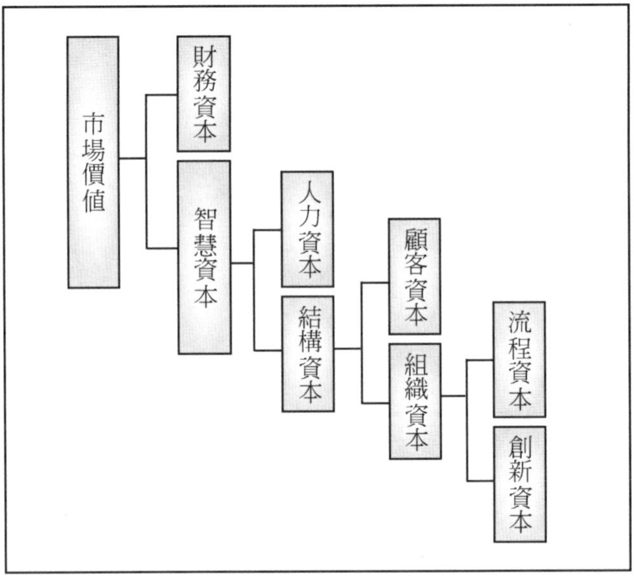

資料來源：Edvinsson, L. and M. S. Malone（1997）.

圖3-5　企業市場價值架構圖

本、顧客資本共同交集而成，如果這三項智慧資本能更有效地整合，三者之間交集的範圍也就更大，企業能獲取的財務資本也就增加。他們更進一步指出，企業的市場價值是由這些智慧資本所共同組成，其關聯的架構如圖」。

Tony換到下一張slide。（圖3-5）

「在這張架構圖上，可以看到企業的市場價值，是由財務資本與智慧資本所構成，而人力資本與結構資本則組成了企業的智慧資本，我們可以將結構資本細分爲顧客資本與組織資本。瞭解智

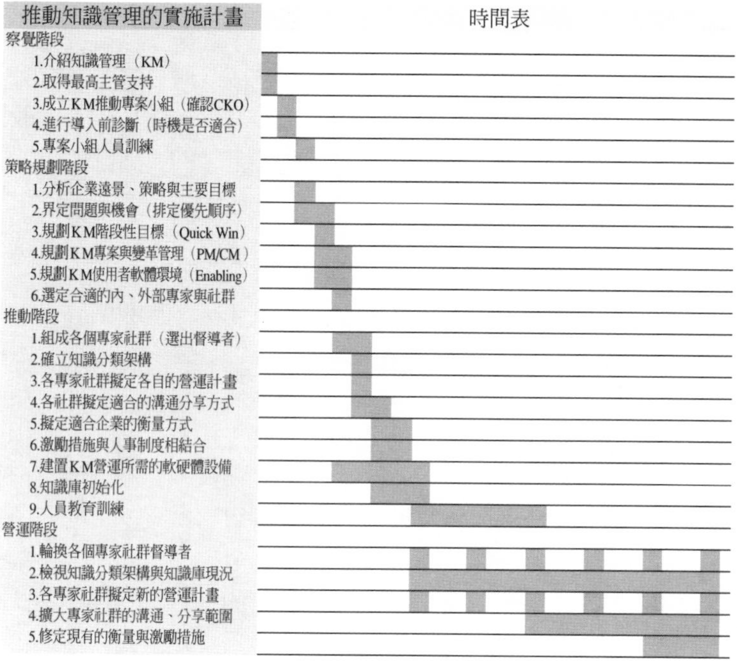
推動知識管理的實施計畫
時間表
察覺階段
1.介紹知識管理（KM）
2.取得最高主管支持
3.成立KM推動專案小組（確認CKO）
4.進行導入前診斷（時機是否適合）
5.專案小組人員訓練
策略規劃階段
1.分析企業遠景、策略與主要目標
2.界定問題與機會（排定優先順序）
3.規劃KM階段性目標（Quick Win）
4.規劃KM專案與變革管理（PM/CM）
5.規劃KM使用者軟體環境（Enabling）
6.選定合適的內、外部專家與社群
推動階段
1.組成各個專家社群（選出督導者）
2.確立知識分類架構
3.各專家社群擬定各自的營運計畫
4.各社群擬定適合的溝通分享方式
5.擬定適合企業的衡量方式
6.激勵措施與人事制度相結合
7.建置KM營運所需的軟硬體設備
8.知識庫初始化
9.人員教育訓練
營運階段
1.輪換各個專家社群督導者
2.檢視知識分類架構與知識庫現況
3.各專家社群擬定新的營運計畫
4.擴大專家社群的溝通、分享範圍
5.修定現有的衡量與激勵措施

圖3-6　推動知識管理的流程

慧資本與財務價值的關係，管理者才容易認識企業智慧資本的重要性，評估『挖腦礦』的價值才有客觀的依據，也可找到著手『開挖』的方向。」

推動企業的知識管理

「既然我們以『挖礦』來形容知識管理的過程，企業就必須注意管理層面的問題，這包含了『礦』的發掘、保存、安全等相關的議題。」（圖3-6）

「一般而言，知識管理要採用由上而下的方式來導入企業。事實上，企業本就存有很多智慧資產，如果這些智慧眞的那麼有價值，當然就值得開採，不過這項決策必須先得到企業經營者與高階管理者的認同；得到高階主管的支持與認同後，知識管理的推動小組就可以依據企業的策略（strategy）與遠景（vision），訂定基本的方向與推動時程表。」

「接下來，在專案正式推動前，必須對企業的現況進行調查，掌握各部門內知識共享的方式與工作的特性的現況，透過調查的結果，擬定未來工作的重點與可能的問題，再進一步與各部門主管共同擬訂預期的目標。」

「知識管理與一般專案推動最大的不同點就在於知識必須『內化』才有效益，野中郁次郎也強調『內化』就是'Learning by doing'。知識能應用在行動中，這項知識對企業才能產生價值，也才有保留的必要性。就是因爲無法達到知識的『內化』，許多企業知識管理專案，最後所完成的知識庫其實就與資料庫沒什麼分別。」

「所以，與各部主管共同擬定預期目標是很關鍵的步驟。因爲，企業現有的知識都分別儲存在這些部門的內部，尤其是在部門員工的身上，如果部門主管無法意識到『挖腦礦』對其部門或公司的重要性，就很難得到他們的支持，若是缺少部門主管的認同，知識管理能夠從這個部門所挖到的『礦』就會十分有限。」

「除了要與部門主管的溝通外，也應讓員工能適時參與，共同對預期目標加以確認；因爲這些『礦』就儲存在員工身上，而且挖出的『礦』必須透過員工『內化』產生行動之後，才會產生價值。部門主管的認同能夠使挖『礦』的過程較爲順利，而員工的參與程度則同時會影響『礦』的品質與『礦』的應用價值。」

「企業推動知識管理的過程必定會碰到這樣的問題：『越能幫公司賺錢的部門，往往就會越忙碌』。由於這些部門所擁有的知識、經驗，能夠創造較高的企業價值，既然如此，就更應該擷取這些部門內的知識。尤其，當企業從事建立新廠房或從事重大投資時，這些重大事件並不會經常發生，所以這些重大活動過程中的決策經驗與相關知識，更應該妥善地保存。」

「比方說，蓋座新廠房原本要花兩年的時間，透過建廠知識、經驗保存，能讓蓋新廠房的時間縮短半年，這種知識的保存，便可以得到很高的財務效益；假設，每架飛機進棚定期維修的時間是二十個小時，透過維修知識、經驗保存，能讓每架飛機定期維修的時間不超過十八個小時，這種知識也可以得到很高的財務效益。」

「雖說知識管理確實可以帶來可觀的財務效益，但是，企業內常見的現象是：財務績效較好的部門，員工會非常忙碌，因此，儲存在他們身上的知識、經驗就是能夠爲企業創造較高價值的『礦』，這些『礦』的品質較佳，而且因爲能創造價值，所以更有保存的必要。可是，往往這些員工都是特別忙碌的一群；怎麼辦呢？這就需要一點技巧了。」

Tony說：「我相信有些人會主張用資訊科技來解決這個問題，他們將知識管理專案作得像是軟體開發專案，讓許多企業迷失在資訊科技之中，最後花了鈔票卻搞不出名堂。」

「介紹這項技巧之前，請各位要記得一個的觀念：『知識管理，要善用科技；卻不是依賴科技』。有許多人認爲企業的知識管理就是要建立企業入口網站（e-Portal）、採用群體軟體（groupware）、提供快速的知識檢索功能或是建立許多實務社群（practice community），並提供他們強大的線上溝通工具。」

「其實，我們可以喻如企業要加入新市場，一定需要進行市場的調查、分析、評估，並且預估可能的回收成果。同樣的道理，企業如果對於即將要開採的『礦』都還不甚瞭解，採用什麼資訊科技就不是頂重要的問題。」

「因此，首要之務是企業要進行知識結構分析，這就好比在開挖之前分析礦脈的結構，

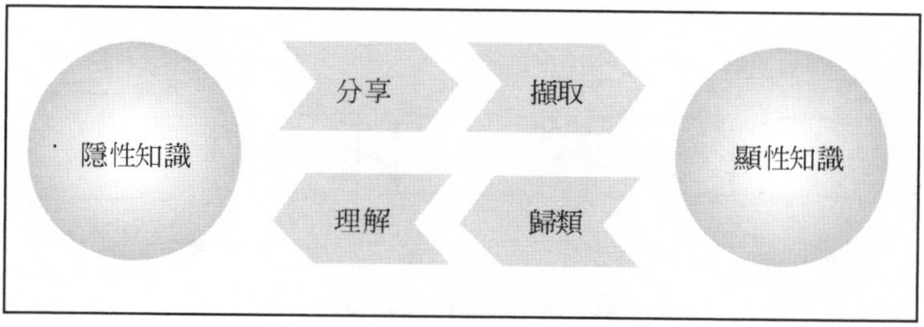

圖3-7　四種不同的知識交流過程

當管理者能預先瞭解礦脈的結構，就可以配合其特性採用適合的方法來擷取。這套方法就是作業程序的知識結構分析。」

作業流程的知識結構分析

「相對於顯性知識，不同類型的隱性知識其產生、保存與交流的方式皆不相同，如此便需要採用不同的方法來擷取。對照野中郁次郎所提出的知識轉換過程：一、共同化；二、外化；三、結合；四、內化，各個轉換過程中，知識的交流方式分別爲：一、共享；二、擷取；三、歸類；四、理解；知識工作者的隱性知識能夠透過共同研究（collaboration），成爲組織內的顯性知識，這些顯性知識再藉著發現（discovery），成爲更多知識工作者所接受的知識。」（圖3-7）

「由於，隱性知識與顯性知識的相互轉換過程中，參與成員與交流的方式具有這樣的特性，所以，我們就需要瞭解作業

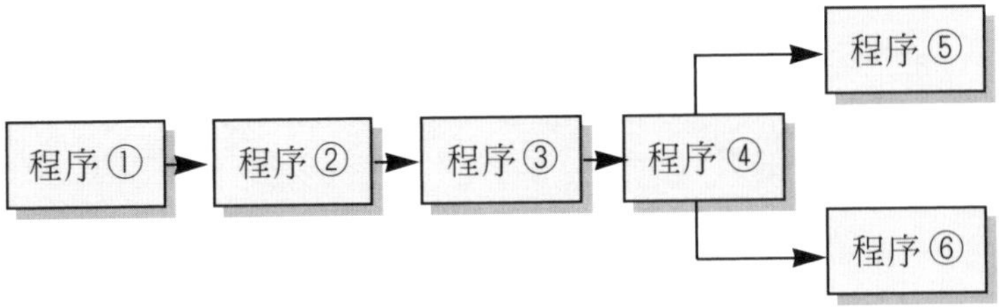

圖3-8　作業程序示意圖

流程中，哪些步驟需要運用哪些類型的知識，以便針對不同類型的知識採用適合的擷取方法。」（圖3-8）

「作業程序的知識結構分析將工作流程中的各個步驟，依據其所需知識的：一、結構性／非結構性；二、個人／群體等分類基準，將工作說明書所記載的各個步驟依序填入對應的知識結構圖內。知識結構圖的橫軸是以知識光譜的概念來顯示各個步驟所需知識的相對價值，越接近隱性知識的部分，其相對價值越高；縱軸是顯示該步驟所需要知識工作者的互動程度。」（圖3-9、3-10）

「作業程序的知識結構分析依據工作說明書的內容，步驟1、3需要知識工作者隱性－非結構性的知識，這些知識通常是知識工作者個人專業的判斷或技能。在知識結構圖中，除了詳述該步驟的內容之外，也要列出該步驟所需的知識類別（例如，應用力學、統計分析、專案管理、人事管理、帳務會計、

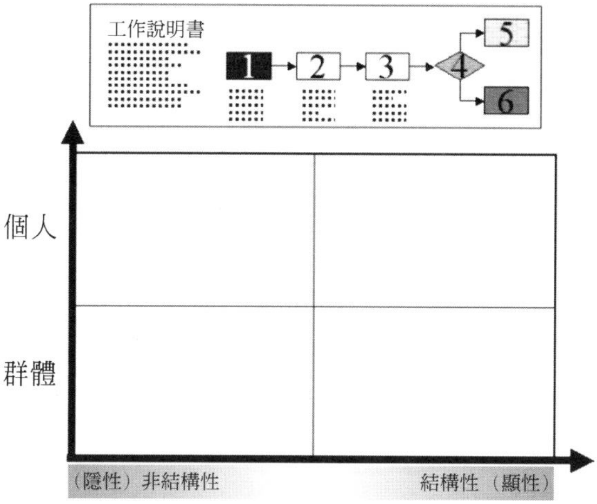

圖3-9　作業程序的知識結構分析

Great	工作說明書		
	項目名稱：知識管理實施計畫		
	階段名稱：察覺階段		工作識別代碼：KM-SI
	版本日期：01.01.01	密等：普	文件代碼：GRT-CS001-06

主要目的：

1. 增進客戶對知識管理的瞭解。
2. 進行導入前診斷，評估專案推動可預見的阻礙。
3. 估算推動成本。

具體步驟：

(1) 介紹知識管理（KM）
(2) 取得最高主管支持
(3) 成立KM推動專案小組（確認CKO）
(4) 進行導入前診斷（時機是否合適）
(5) 專案小組人員訓練
(6) 協助客戶克服滯礙難行的問題與阻障

步驟說明：×× ××

圖3-10　工作說明書範例

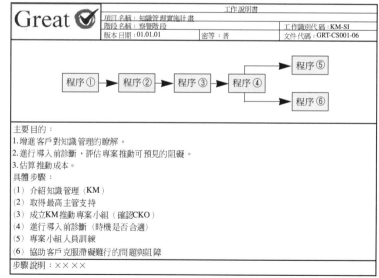

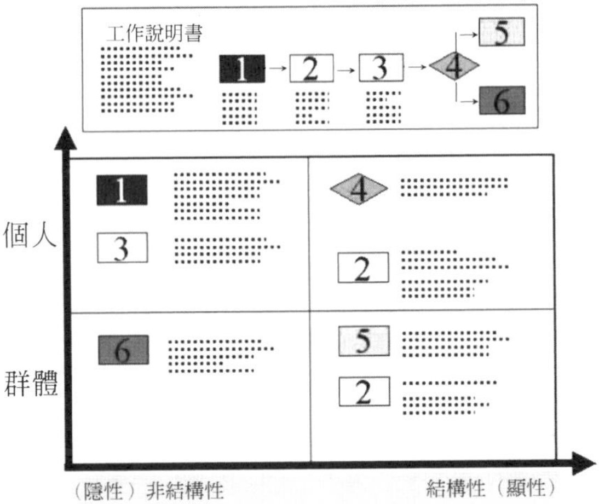

圖3-11　作業程序的知識結構分析—圖例

C++程式、電子元件、COBOL、化學……等）。如果，某一項步驟同時需要個人與群體的參與，例如，在會議中需要某位專家提供相關資訊，就如同圖中的步驟2，同時需要個人與群體的顯性——結構性知識。以此類推，各個步驟所需的知識類別與知識工作者之間的互動程度，便可顯示在知識結構圖內。」（圖3-11）

「在知識結構分析圖中隱性—非結構性的知識，就是執行這個流程所需的隱性知識，也就是透過知識管理能夠擷取的知識類別。管理者可以根據作業流程的知識結構分析，瞭解現有作業流程所必須具備的知識類別與知識工作者之間的互動程度。這項分析完成之後，就可以根據知識工作者之間的互動程度選定適合的管理措施與資訊科技。」

「通常我們不僅會分析部門的細部流程，更針對企業End-to-End的角度來分析，以確定這項分析的結果與企業的核心作業流程能相互銜接。部門所需的專業職能與工作流程能夠緊密結合，知識工作者之間的互動程度與所具備的知識類別也能清楚地展現，這樣企業就有依據來選定有價值的知識，逐步開鑿；員工也能清楚知道執行某項工作所需的專業職能，藉此人事部門便可擬定員工的訓練計畫與職涯計畫。」

「透過知識結構分析，才能有效率地擷取有價值的知識。因為企業能夠依據分析的結果，預估未來的成果，逐步排定推動的時程，依此規劃所需的人力、物力與時程，以減少對現有工作的影響。」

「當作業流程的知識結構分析完成後，才是選擇資訊科技的時候。接下來，就要善用資訊科技了！」

知識管理的架構

「知識主要是靠專家與專家之間互相激盪才能產生，知識唯有透過『內化』也就是

'Learning by doing'，才能產生效益。從這句話的各位可以發現：『知識要透過群體的激盪、互動、應用才顯出效益』，簡單來說，這群體就是指專家社群。」

「專家社群不同於企業內的各種讀書會、社團、研究小組。專家社群內的專家之間互相激盪，才能產生企業所需的知識。專家社群的成員可以是企業的內部或外部的專家，這些專家所提供的知識、經驗，經過驗證之後就可成為企業其他員工可以使用的資源，這些資源經過員工廣泛地運用，並將使用的心得與經驗附上，再透過專家社群加以檢驗、粹取，讓這些知識但可以廣泛應用還能夠隨時更新。這種知識稱為『經驗證過的知識』，員工可以直接應用，由於知識內容會隨著應用的領域而逐漸增長，所以，又稱為『活用的知識』。」

「知識庫系統與資料庫系統或檔案管理系統……等最大的差別就在於：『知識庫所存放的是活用的知識』，雖然知識庫的內容是以文件的形式存放在資料庫系統或檔案系統中，但就是因爲這項特點，才使得知識庫更顯不同。」

「事實上，學術界與產業界已經提出很多套不同的知識管理架構，至於選用哪種架構來推動企業的知識管理並不重要，只要確定所採用的架構能夠協助企業達到這三個目標：一、能激勵知識的『內化』；二、能有效率地存取這些『活用的知識』；三、能確保這些智慧資產的安全。」

「除了企業策略之外，人員、組織（包括流程、文化等）、產品（包括技術、專利）、客戶等，這四個層面才是知識管理主要的核心，透過這四個層面所擷取出的知識，整合應用後才能成爲企業的核心競爭力；資訊科技只是知識管理的促成要素（enabling factor）。」

「在知識管理架構圖中，各位可以看到智慧資產的價值也是以知識價值光譜爲依據，將企業的智慧資產依特色區分爲：專業技術、知識庫、行動、資訊、資料等五大項，其中，知識庫儲存『活用的知識』，知識得以『內化』的表現則是行動，這要透過專家社群的互動以及衡量機制的配合，在實務上要依照：分享、驗證、歸類、組織、應用等五大步驟來管理知識。最後再透過資訊科技的輔助，就能夠逐步使人員、組織、產品、客戶這四個層面的知識，整合成企業的核心競爭力，爲企業提昇的競爭優勢。」（圖3-12）

「知識管理的應用層面很廣，應用到供應商管理的層面，就可以與供應鏈管理（SCM）相結合，應用到客戶關係的層面，就可以與客戶關係管理（CRM）相結合；知識管理還可以進一步應用到組織變革的層面，協助企業較順利地處理組織的變革。除此之外，如果僅看知識庫，則又可算是一個資料倉儲。」

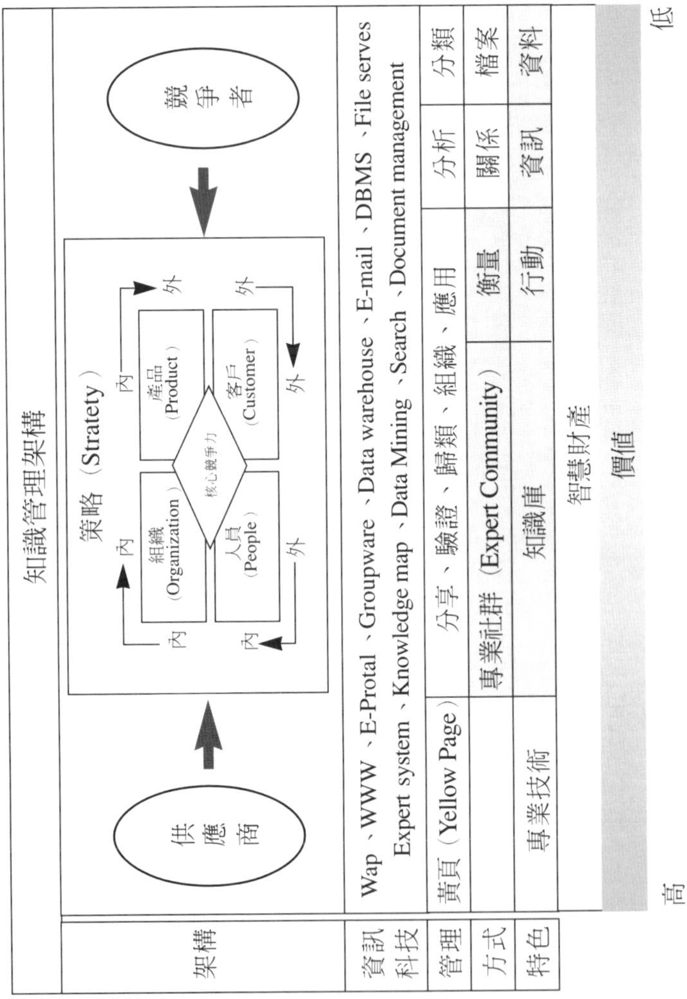
知識管理架構
架構
供應商
競爭者
策略（Stratety）
組織（Organization）
人員（People）
產品（Product）
客戶（Customer）
核心競爭力
內
外
資訊科技
Wap、WWW、E-Protal、Groupware、Data warehouse、E-mail、DBMS、File serves
Expert system、Knowledge map、Data Mining、Search、Document management
管理
黃頁（Yellow Page）
分享、驗證、歸類、組織、應用
分析
分類
方式
專業社群（Expert Community）
衡量
關係
檔案
特色
專業技術
知識庫
行動
資訊
資料
智慧財產
價值
高
低

圖3-12　知識管理架構

「據我所知，不少大型企業會運用其本身豐富的知識，營造市場上的知識屏障（Knowledge barrier），讓他們的企業知識庫成爲市場中競爭與獲利的策略工具。像波音公司的維修知識庫，就是企業營造知識屏障的一個例子。」

「這個架構圖可以協助管理者由四個層面來思考企業的知識管理，因爲這個架構是由企業的核心競爭力做中心，可以讓管理者更明確地掌握企業眞正所需要擷取的知識。」

「至於要用哪種資訊科技呢？」Tony笑了笑，說：「還是那句話：『善用科技』，只要管理者能夠進行企業作業流程的知識結構分析，根據分析的結果，再來找尋適合的資訊科技，並考量這些科技與現有企業內的資訊系統如何密切地結合，這時候再配合專家社群以及衡量機制的運作，讓知識庫內的知識能夠『內化』成爲員工的行動，企業的知識管理就算是正式『上線』（on-line）了。」

知識管理的挑戰

「企業的知識管理應由哪個部門應負責推動？」Tony問大家，

「有些人主張由資訊主管，也就是CIO負責；有些企業是指定副總級的主管兼任這項任務。另外一群人則主張設立一位專責的知識長（CKO）來主持整個計畫。」

「設立專責的知識長有其優點，就是知識管理運作的預算與跨部門的協調有高階主管可以協助，而且營運的成果可透過知識長向董事會回報現況與成果，從專案運作的觀點來看，這專案推動的必要條件。但是，如果沒有專責的知識長是否企業的知識管理就不易推動呢？其實也未必，只要有高階主管能負責這項工作，並且能夠編列知識管理專案所需的預算，這樣的專案還是有機會能在企業內生根。」

「除了專案推動負責人的問題之外，專家社群的運作也是企業知識管理的一項挑戰。因爲這些專家必須有效地加以組織，雖然知識管理專案是由這些專家來營運，但實質上，知識必須能夠被其他員工所『內化』才會得到效益，因此，企業內各個專家社群要訂定個別的營運、推廣、交流計畫，而企業的人事單位必須提供支援與配合，這些計畫才能夠眞正落實。」

「如何衡量行動效益、激勵提案人則是知識管理的另一項挑戰。一般而言，管理者會透過使用者塡寫回函問卷的方式來蒐集知識運用的成效，可是我們無法強制使用者一定要塡寫問卷，因爲有可能他只是隨意看看，並不是立即需要採取行動。所以，通常我們會建議

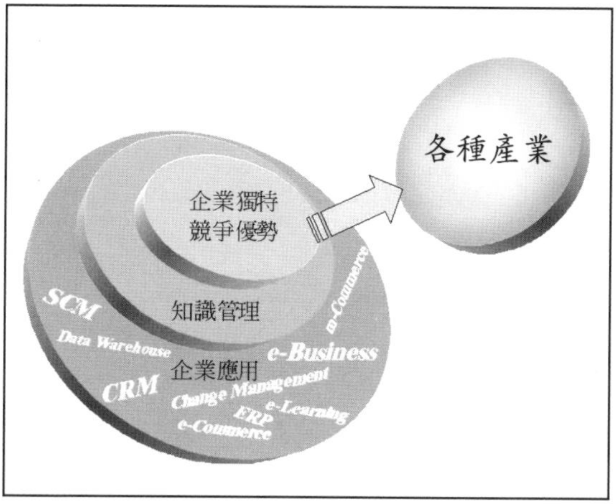

圖3-13 知識管理的應用

企業在衡量時採用『客觀的紀錄』來衡量知識的應用效益，不過即使採用這種作法，還是會出現團隊效益無法公平分派的問題。所以到目前爲止，由於沒有更好的辦法來客觀地衡量效益，我們會建議企業還是少用金錢方式來激勵提案人員或團隊，以避免不必要的人爲弊端。」

知識管理的發展

「知識管理還算是正在發展中的管理科學，有很多人類隱性的層面等著我們去發掘。野中郁次郎所提出的基本架構，使得我們對隱性知識在管理層面上的應用有了最基本的概念，下面這張slide是顯示知識管理可以應用到的其他層面。」（圖3-13）

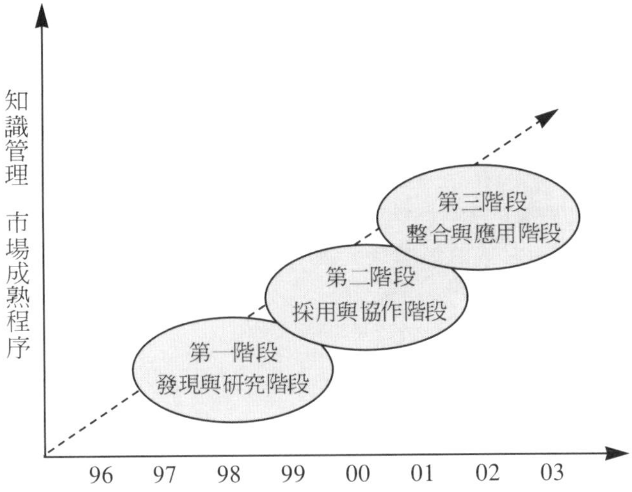

圖3-14　知識管理的發展階段

「下一張slide則是知識管理發展的三個階段，目前我們在第二階段。」（圖3-14）

「管理者的責任是要提供知識管理的架構（infrastructure），幫助員工整理與保留關鍵的知識，並且運用網路科技改善作業時效與溝通效率（也就是減少不必要的會議，並加強網路功能的應用），如此，讓員工的工作得到合理地分配，讓員工能在線上取得適時的協助，並且建立社群的機制，讓員工很樂意地貢獻所學，促使其他員工也能得到實際的助益，部門的主管也能在線上掌握目前部門員工專業職能的現況，有助

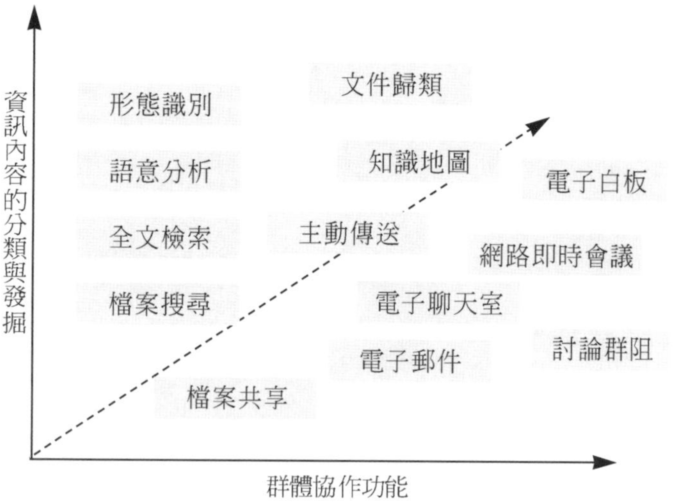

圖3-15　知識管理相關技術

於規劃員工技能發展與訓練的未來方向。」

「知識管理能夠爲企業累積足夠的智慧資產，所以，像企業的e-Learning也逐步與知識管理的應用相結合。知識管理其實包含很多的技術，最後一張slide則是讓各位知道知識管理還有這些技術可以應用」。Tony向Stephen示意。（圖3-15）

Stephen起身感謝Tony精采的簡介，全場響起不斷地鼓掌聲；Nancy安排Adam與Justin與Tony留影，有不少同學也跟著上前合照。因爲Tony剛才是用自己的手提電腦作簡報，所以，服務生需要重新調整投影設備。老實說，我真想請Tony將作業流程的知識結構分析與那張知識管理架構圖e-mail給我，嗯，會後再同他談談吧。

在Tony的簡報之後，Jennifer要為大家介紹Six Sigma。Stephen簡短地將Jennifer的近況以及她到美國接受Six Sigma Black Belt訓練等向大家報告，當然啦，Stephen也請大家多多推薦優質的未婚男性給我們這位「所花」（研究所的大美女）：「她現在已經是『黑帶』(Black Belt) 囉！」Stephen用台語強調：「對象也得像一尾活龍」，立時笑聲不斷，雖然臉有點紅，Jennifer也用台語回應：「你講台語也能通喔！」在全場笑聲中，Stephen將場面交給Jennifer。

微笑地向在坐的師長與同學簡短問候，Jennifer說：「今天我會分成四個部分簡介Six Sigma，第一部分是Six Sigma的主要意義，並且比較TQM與Six Sigma的差別，第二部分將介紹Six Sigma的重要觀念以及PDCA與DMAIC程序，第三部分則說明企業推動Six Sigma所需的架構與主要流程，第四部分會談到Six Sigma專案的導入步驟與成功關鍵要因。」

第四章　超品質管理（Six Sigma）的重要觀念

偌大的Sigma符號顯示在投影幕，「標準差Sigma是統計（statistic）所使用的希臘字符，Sigma（σ）是代表統計數值之間的差異程度，不過今天我們不是在談統計學」，Jennifer說：「我們要談的是超品質管理。」

「也許對很多人而言，品質還是蠻抽象的概念，其實，這對於許多企業也是一樣。根據牛津詞典解釋『品質』的字面意義：'degree of goodness or worth'。品管大師Edward W. Deming 在一九四〇年代提出在管理上品質的意義：『品質就是產品的變異度（variation）』，所以產品變異度越大，就表示品質愈差；變異度越小，產品的品質愈好。」

「另一位大師Joseph M. Juran在一九八〇年則提出：『品質應是產品能符合顧客需求。』他認為品質可以由五個構面來分析：一、設計（quality of design）——產品設計的優良程度；二、製程（quality of conformance）——製成品符合設計規格的程度；三、穩定性

（availability）——產品功能的穩定程度；四、安全性（safety）——使用時可能受傷的風險程度；五、客戶服務——售後服務的保障程度。」

Six Sigma的主要意義

「Deming於一九五〇年代提出「以消除、減少產品在製造過程的變異度」的管理思維，他認爲可藉由統計管制（Statistical Process Control, SPC），將製造過程的變異程度區分爲「可接受程度」與「不可接受程度」，當生產結果位於「可接受程度」的區間內，表示製造與生產處於穩定、可控制的狀態，而且管理者能夠預知未來的變異度，福特汽車公司便由SPC的實施獲得相當成效。除了SPC，Deming還提出十四項指導要點（現在已通稱爲「戴明十四項品管原則」），作爲其品質管理思維的基礎，並建議企業爲維持其產品或勞務在市場上的競爭力，應遵循此十四項原則。在一九五〇年代，即由此引發日本的品質與生產力革新。」

「Juran依循Deming的想法並加以擴大，在一九八〇年提出的『品質螺旋』（the spiral of process in quality），強調品質提昇的已不再僅是製造部門的責任，而是以達成客戶滿意的一

研究學者	主要貢獻	觀點
Edward W. Deming	品質14項原則	品質是產品的變異(Variation)
Joesph M. Juran	提出品質成本與品質螺旋	品質是產品的適合度
Philip B. Crosby	主張「零瑕疵」的觀念	品質是客戶的需求
A. V. Feigenbaum	提倡全面品質管理	

圖4-1　主要品質管理觀念演進的過程

系列活動，包括：客戶研究、市場調查、產品研發與設計、供應商管理、製程管理、檢驗測試、產品配送與物流管理、售後服務與客戶關係管理等，整個品質價值鏈活動的集合，這些個別的活動又稱爲品質機能（quality function），是分屬於企業中各個功能組織內（如行銷企劃部、業務部、研發部、製造部、客戶服務部等）。除了率先以顧客的角度來審視品質的概念，Juran還提出企業推動品質改善等實務作法：一、突破：在推動的初期，即著手改善重要的問題；二、控制：設立品質目標，訂定衡量指標，由實際結果加以檢討；三、計畫：由決策單位規劃改善方案，並協調各單位投入運作。」

「在一九八四年另一位學者Philip B. Crosby則提出與降低產品變異度截然不同的想法，他強調企業不應容忍瑕疵品，因爲市場競爭愈來愈激烈，瑕疵品所造成的成本實非企業應浪費的部分，「零瑕疵」的概念便成爲導正企業管理者對品質成本的認知。」（圖4-1）

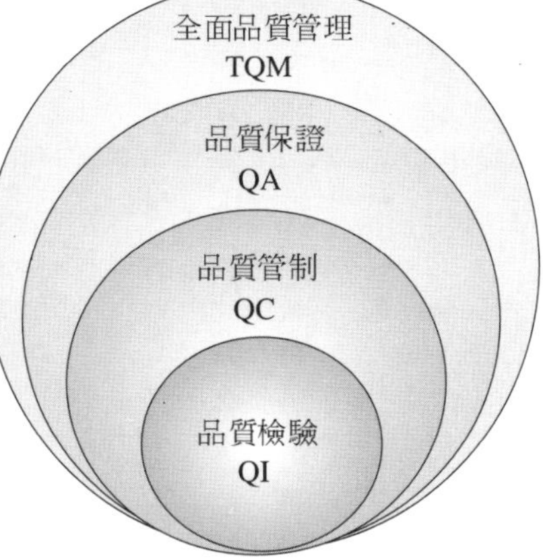

資料來源：Dale（1996）.

圖4-2　品質管理演進過程

「依據學者Dale於一九九四年所歸納的結果，品質管理的發展可列出四個重要階段：一、品質檢驗（QI）：以驗證製成品是否符合規格爲主；二、品質管制（QC）：調整作業性的活動，履行品質的要求；三、品質保證（QA）：以滿足消費者的需求，推動有系統性的品質活動；四、全面品質管理（TQM）：在企業內部全面落實品質措施與理念。」（圖4-2）

「品質管制的基礎是建構於『如何降底生產過程中的不良率』，於是，運用統計的基本原理與各式各樣的圖表與記錄對生產的過程進行管理，企圖達成有效控制生產品質的目標，此類管理方式普遍應用於企業內的生產單位。具體將品質管理的概念由生產單位擴大應用至企業其他行政支援單位的管理方式，便形成了全面品質控制（Total Quality Control, TQC）；雖然，品質管制的活動由生產單位擴大至支援單位，但是品質管理的思維主要仍著重於瑕疵的防止。為了因應企業內不同單位特性上的差異，品質管理朝向更積極的作法，也就是更著重提昇作業效率以改善品質的思維，由此產生了全面品質管理（total quality management）的具體措施。

「圖4-1顯示在品質檢驗與品質管制的階段中，企業投注的努力集中於事後的檢驗，若發現不良品則迅速進行各項修復與矯正的措施。演進到品質保證與全面品質管理的階段時，管理的思維逐漸轉變為事前預防，勝於事後治療」。

「圖4-2中也能夠發現這四個階段具連貫與包容的特性，例如，品質保證的理念包含了品質管制的重要概念，品質管制則具體應用品質檢驗的作法，至於全面品質管理是以品質保證的作法為核心而發展。全面品質管理則注重作業過程的全面性，經由不斷地改善，以提昇產品、服務與工作的品質。」

「在強調客戶導向的市場趨勢，如何建立達到客戶滿意的可靠機制，是企業競爭的基礎，更是企業生存、發展的利基。因此，如何提高客戶滿意度（customer satisfaction）便是企業確保獲利的手段。」

「因此，Six Sigma的主要意義是：以強化獲利能力的角度，審視並驗證企業所需的品質（profitability to improve quality）。」

「這個想法使Six Sigma超品質管理跳脫品質管理的傳統思考模式：傳統上，品質與獲利之間的關係是建立在『透過品質要求才得以提高獲利的概念（quality to improve profitability）』，這種作法僅強調品管的有效性，而非企業的獲利性，很容易讓管理者迷失眞正的方向。」

「Six Sigma超品質管理非常重視客戶的需求，企圖藉著增進獲利能力的整體措施，並利用統計技術對確認執行結果，以求達到實際的獲利目標，這便是「強調獲利能力的品質模式。」

「爲什麼要Six Sigma？而不是Five Sigma或Four Sigma呢？」

「待會我們就會提到」，Jennifer向大家作了個淘氣的微笑。

比較TQM與Six Sigma

「全面品質管理一詞，則是一九八四年由Mondon與A. V. Feigenbaum引用Toyota品管模式爲例正式提出。TQM完整的定義則是由學者Ishikawa於一九八五年提出，他強調品質的責任是屬於全體員工，Ishikawa指出：TQM是全面性、持續改善的品管思維與一連串的管理活動，除了控制品質與降低生產成本，還要提昇整體品質相關單位作業的效能。」

「從一九八六年起，既有不少TQM推行模式提出，在此僅簡要介紹一九八九年八月美國國防部所頒布的『TQM指引手冊』與美國HP公司所推動的POM（Process of Management）模式。」

「美國國防部的『TQM指引手冊』提出七大步驟協助企業改善組織活動的具體成效，如圖4-3所示。」

「美國HP公司的POM管理模式是由HP內部一百五十位以上的成功管理者實際作業中歸納出的最佳管理步驟，POM模式中建議的管理步驟如圖4-4所示。」

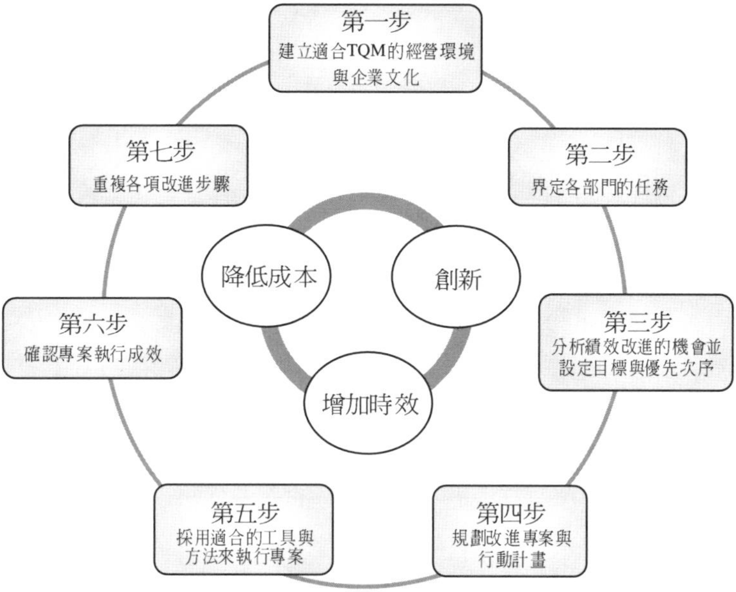
第一步
建立適合TQM的經營環境與企業文化
第二步
界定各部門的任務
第三步
分析績效改進的機會並設定目標與優先次序
第四步
規劃改進專案與行動計畫
第五步
採用適合的工具與方法來執行專案
第六步
確認專案執行成效
第七步
重複各項改進步驟
降低成本
創新
增加時效

資料來源：DoD（1989）.

圖4-3　美國國防部之全面品質管理模式

（1）建立目的與方向
（2）建立共同遠景
（3）發展共同的計畫
（4）領導行動路徑
（5）評估流程與結果
（6）持續性的改進

圖4-4　由HP公司歸納所得的POM管理模式

表4-1　從四個構面檢視TQM管理體系

TQM構面	相關措施
觀念	符合企業遠景與營運方向 以客戶需求為導向 持續不斷的改進 有計畫的全面性參與
制度	成立品質改善中心 確立品質成本計算方式 擬定短、中、長期的品質計畫 建立品保制度與獎勵措施
管理	企業現況分析 客戶滿意度分析 擬定整體策略與實施計畫 評估執行結果與改善流程 結合個人績效考核 推展品質教育訓練活動
統計技術	QC七大手法新 新QC七大手法 相關統計技術

「自一九七九年起，由《日本第一》（*Japan As NO.1*）一書引起美國學習日本品質管理的風潮，接下來的十多年TQM成為企業積極採用的管理措施。TQM主要是建構於觀念、制度、管理與統計技術的四個構面的全面性品質體系，其關鍵成功要素包含：一、企業遠景與方向的確認；二、決策階層的支持與承諾；三、有計畫性的全體參與；四、以符合客戶需求為主軸；五、持續不斷地推動與改善；六、管理技術的彈性配合；七、統計方法與工具的使用；八、企業品質意識逐步強化。表中依TQM的四個構面，列出實務推動TQM時可行的措施。」（表4-1）

「隨著TQM的推展，尤其當ISO 9000系列國際品質標準於一九八七年經瑞士日內瓦的國際標準組織（International Standard Organization, ISO）編定公布後，ISO 9000系列的品質管理系統便成爲許多企業在導入品管制度時的重要參考。ISO 9000系列爲歐協完全採用，並改名爲EN 29000。一九九二年歐洲共同體（Europe Community）十二個會員國宣布欲輸出產品至歐洲市場之廠商，均應符合歐市統一品質管理標準EN 29000系列標準之要求，ISO 9000系列的品質管理系統因而更受重視。」

「在性質上ISO 9000是屬於外在品質系統，遵行ISO 9000標準會助於企業TQM的推動，而欲落實ISO 9000則一定要推行TQM；所以，企業遵行ISO 9000系列的標準，不等同於企業已推動其TQM。雖然，ISO 9000與TQM有互補的關係，由於兩者間的目的、評量方式、管理措施與所設定的目標有顯著的差異，所以，應瞭解其互補的關係，才有助於企業實際運用。」

「我以列表的方式簡要地比較TQM與Six Sigma之間的差異。」（表4-2）

表4-2　TQM與Six Sigma的比較表

議題	品質系統	TQM的主要問題與Six Sigma的特色
1.觀念明確性	TQM	問題：觀念仍不夠明確。有足夠的理論基礎，但對許多員工而言，「品質」仍是相當模糊的概念。似乎追求品質僅是爲了讓生產過程看似更穩定，並不是爲了改善實際問題。
	Six Sigma	特色：明確、簡要的觀念。「重視客戶需求與企業流程精進，隨時查驗運作的成果，持續地改善使企業永保競爭優勢」是Six Sigma的核心觀念。簡短、有力的觀念較易協助員工瞭解企業的遠景（Vision），將品質落實在工作中。
2.跨部整合度	TQM	問題：無法打破部門藩籬。企業通常會成立所謂「跨部門」的品質管理委員會，但這往往是附屬的活動。若決策過程沒有各部門中階主管的積極參與，對企業急需的品質效益將毫無助益。
	Six Sigma	特色：強調跨部門整合效益。「使企業的運作更順暢、更有效率」是Six Sigma的主要目標。其採用的手段是「減少因流程銜接不當或部門溝通不良所產生的重製（rework）成本」。

（續）表4-2　TQM與Six Sigma的比較表

議題	品質系統	TQM的主要問題與Six Sigma的特色
3.幹部配合度	TQM	問題：牆頭草或熱三分鐘。 幹部的配合度會隨著高階主管的意向而快速的改變，這是「上方所好，下必甚焉」的效應。高階主管如何在有限的任期內運用快速見效的措施是極大的挑戰。
	Six Sigma	特色：能產生巨額效益。 巨額且可遇見的實質效益趨使高階主管勇於接受相對的挑戰。高階主管決心與魄力展現，是起動企業變革的唯一捷徑。
4.目標清晰度	TQM	問題：未知終點的馬拉松。 「符合並超越客戶需求」是看似明確的目標；然而，客戶需求如何確認與如何因應其改變的具體作法卻是TQM最大的挑戰。許多企業或許能符合現今的客戶需求，但未來如何能維持相同的競爭力卻是極大的疑問。
	Six Sigma	特色：明確、可行的目標。 採具體作法逐步提升產能sigma值（如99.9997%的妥善率，或每百萬次僅發生3.4次的瑕疵，或6 σ），能夠看到品質成效的變化。 同時，建構能隨時隨客戶需求改變而機動反應的內部組織，使企業能隨著外在改變適時修正其品質目標。

（續）表4-2　TQM與Six Sigma的比較表

議題	品質系統	TQM的主要問題與Six Sigma的特色
5.作法適用性	TQM	問題：漫無目的追求品質完美。 過於強調完美的品質，易使作業程序流於僵化、不實際，這是許多企業推動品質活動常見的困擾。
	Six Sigma	特色：簡單、實用就是美。 Six Sigma重視的是「如何應用簡單、有效的工具與措施，迅速驗證決策所需的結果」，避免企業追求過度的品質完美主義。
6.教育普及度	TQM	問題：「舉一反三」不易。 TQM的工具、觀念的推動還算容易，如何參與者普遍能夠活學活用以提升品質才是最困難的部分。當企業以小規模試行，由於缺乏驗證的過程，這些經驗尚不足成爲可普遍應用的實務典範，易造成日後全面推動的困難。
	Six Sigma	特色：專業化、分層輔導。 依不同專業角色（Blackbelt, Greenbelt, Master Blackbelt）提供適合的技能訓練，並與其個人的工作職掌相結合，依角色與層次逐步提升其他企業成員實務應用的能力與經驗。

（續）表4-2　TQM與Six Sigma的比較表

議題	品質系統	TQM的主要問題與Six Sigma的特色
7. 主要應用面	TQM	問題：重視產品品質。 理論上，全面品質管理的應用層面應擴展至全公司，但實務上，通常還是集中改善產品品質的議題上（如設計與製造流程）。 其他功能單位如客戶服務與後勤支援體系，則屬於較次要的品質單位。
	Six Sigma	特色：強調獲利性與全面效能提升。 高度重視客戶的需求，分析企業的問題，投入人力、時間改善並藉統計分析工具驗證其結果，所以容易達到全面性的效能提升。

Sigma是什麼？

「Six Sigma超品質最主要的意義在於：從'quality to improve profitability'演進到'profitability to improve quality'的概念。在第二部分，我將為大家介紹Six Sigma的重要觀念

以及PDCA與DMAIC程序。」

「Six Sigma超品質管理提供管理者一套很好的衡量機制，採用這套衡量機制能使部門與部門之間或企業與企業之間有共通、一致的衡量基準；此外，這套方法的另一項好處是：『任何人都能夠運用』。運用這套衡量方法的第一個步驟是：從客戶需求（customer requirement）的角度，定義明確的關鍵品質（Critical to Quality, QTY）。」

「在Six Sigma超品質管理中，對於不能符合客戶需求的產品或是程序（process），都視之爲缺點（defect）；透過明確定義的關鍵品質（QTY），凡是不能符合QTY要求的就算是一項缺點，這些缺點可以採用個數（instance）或事件（event）爲計量單位。所以，第二個步驟就是計算企業在關鍵品質（QTY）上所產生的『缺點』。」

「所有不能符合客戶需求的缺點都將換算爲『每百萬次』（per million）的基準，這個共通的基準就是DPMO（Defect per Million Opportunities），DPMO的涵義是指：『在每百萬次的運作過程中，產生缺點的數量』。DPMO與運作效能的關係是：DPMO的值越低，就代表運作效能越高；不過在實務上，我們並不直接用DPMO值進行比較。透過統計理論爲基礎，計算得到的DPMO數值可以換算成相對的Sigma水準（Sigma level of

Sigma水準	DPMO值（每百萬次的失敗次數）
1	691,462.47
2	308,537.53
3	66,807.23
4	6,209.68
5	232.67
6	3.40
7	0.02

圖4-5　不同Sigma水準的DPMO值

performance）：Sigma水準才是實務上採用的指標，請參考這份對照表。」

「企業能夠達到較高的Sigma水準，代表其DPMO值將大幅度減少。例如，三個Sigma水準的DPMO值是六個Sigma的DPMO值的二萬倍（66,807÷3.4≒19,649）。」（圖4-5）

「Sigma水準就是超品質管理的衡量機制，它不僅能夠反映運作效能，而且Sigma水準也是頗具挑戰性的品質目標（因爲，不同Sigma水準之間DPMO數值的變化很大）。採用Sigma水準作爲共通的品質指標，管理者只要透過這個指標，就能夠公平地衡量各單位的運作效能，企業與企業之間也能夠透過Sigma水準相互比較。」

DMAIC作業程序

「要達到較優異的Sigma水準，就需要推動品質改善。大

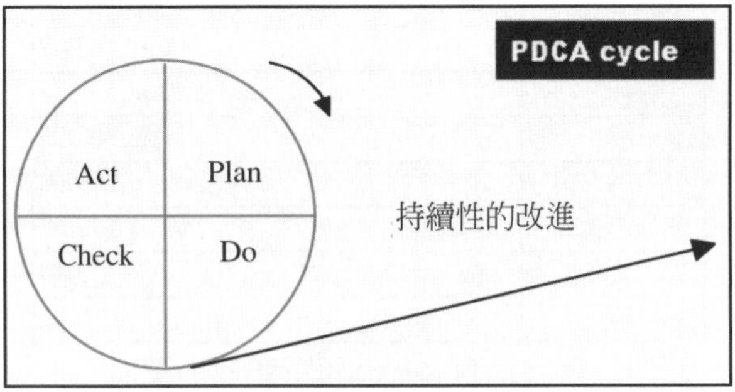

圖4-6　PDCA品質改善程序

多數的品質改善程序都是根據W. Edwards Deming所提出的PDCA（Plan-Do-Check-Act）程序所發展而來。」（圖4-6）

「PDCA品質改善程序是四個步驟的循環過程。第一步是規劃（Plan），就是檢視運作效能的問題與缺失，管理者先蒐集主要問題的各項資料，藉以界定問題根源（root cause of problem），規劃可行的解決與驗證方案；第二步是試行（Do），就是按照解決方案的規劃加以實行；第三步是驗證（Check），分析試行的結果以確認問題是否得到改善；第四步是實施（Act），也就是參照試行與驗證的結果，調整或修改解決方案，目的是要讓解決方案成爲確實有效的方案；接續整個步驟，再回到第一步，這就是PDCA品質改善程序的作法。」

「Six Sigma超品質管理是採用DMAIC（Define-

圖4-7　DMAIC 模式

Measure-Analyze-Improve-Control）程序，DMAIC程序也是由PDCA程序所發展，兩者之間最顯著的區別在於，除了品質改善之外，DMAIC程序同時能協助管理者將流程最佳化。」（圖4-7）

「俗語有句話說：『一條牛，就算牽到北京；它還是一條牛』，套用在品質管理，這句話的意思就是：『如果作業流程已經存有瑕疵，即使再怎麼推動品質的改善，產出的成果還是有瑕疵』。因此DMAIC程序的各個步驟都需顧及流程最佳化與品質提昇」，Jennifer切換到下一張圖，「DMAIC程序有兩個主要的欄位，第一欄是品質提昇，第二欄則是流程的最佳化。」

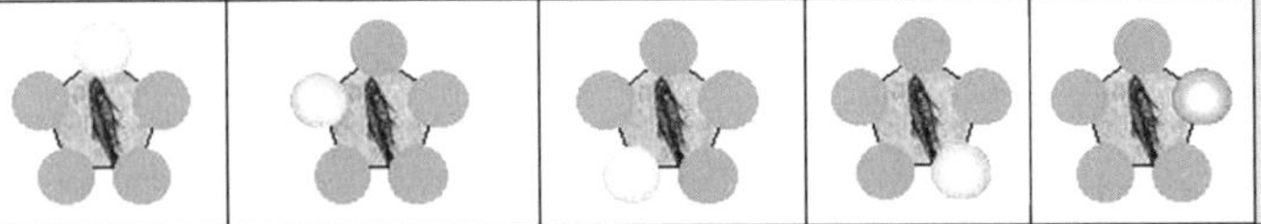

Six Sigma	品質提昇	流程最佳化
Define	1. 界定問題 2. 檢視問題與現行流程 3. 定義各項需求 4. 設定合理可行的目標	1. 界定問題 2. 釐清客戶的需求 3. 設定目標 4. 釐清專案的範圍
Measure	1. 審視問題與流程 2. 視現況重新界定問題 3. 衡量現行作業或流程的產出績效	1. 可衡量的目標 2. 蒐集可參考的作業績效資訊
Analyze	1. 針對問題，提出假設 2. 確認真正的問題關鍵 3. 驗證假設，作為決策依據	1. 訂定最佳實作(Dest Practice)的標準 2. 移除作業的瓶頸、問題 3. 提出合適的替代方案 4. 重新界定新方案的各項需求
Improve	1. 根據分析驗證後的結果，提出可行的解決方案 2. 設法克服實施的障礙 3. 驗證實施的成效 4. 將解決方案標準化	1. 依據新方案，設計新作業流程 2. 進行變革管理與專案管理 3. 視實際情形，修正事前的假設 4. 建立新的作業流程
Control	1. 建立可持續的衡量標準 2. 持續維持改善後的績效 3. 克服可能事後才產生的新問題	1. 建立新流程的成效衡量機制 2. 審視新流程對企業核心流程的價值 3. 克服事後才產生的新問題

圖4-8　DMAIC品質提昇與流程最佳化程序

（圖4-8）

「由於DMAIC與PDCA程序的核心概念很類似，所以我只簡單描述DMAIC特點。DMAIC程序的第一步是界定（define），在對應的兩欄中分別列出此步驟應執行的事項，重點在於以客戶為導向，釐清各項問題、需求並訂定目標；從第三步分析（analyze）到第五步控制（control）是DMAIC程序的精華，透過界定出該類型流程的最佳實務（best practice），再依據此最佳實務的標準來校正現有的流程與效能，更重要的是建立持續性的衡量機制，隨時監督與控制以維持流程的最佳化。透過這個方式，Six Sigma的DMAIC 程序就能讓管理者同時兼顧流程最佳化與品質的提昇。」

Six Sigma組織架構

Jennifer笑著問：「所以，當『牛』（流程）被DMAIC程序『牽到北京』（達到最佳化）之後，會變成什麼呢？」有同學回應：「金牛（Gold Cow）！」呵！這可讓我聯想到波士頓顧問群提出的「成長/占有率矩陣——BCG模式」。在輕鬆的氣氛中，Jennifer將主題切換到第三部分—企業推動Six Sigma所需的架構與主要流程。

「由於Six Sigma超品質管理的主軸是由以客戶導向爲起點，以提昇企業獲利能力爲目標，從而進行各項流程最佳化與品質改善措施。所以企業內部需要不斷地培植眞正的『專家』來帶領大家推動這項工作；這些『專家』不僅僅是統計專家，還必須對企業內部流程十分瞭解。由於組織流程的最佳化需要企業內部由上而下趨動力，所以，Six Sigma超品質管理的各項活動就需要不同角色的『專家』來共同推動。」

「在Six Sigma活動當中，這些專家是以『帶』（belt）的觀念來區分各自的角色，例如，green belt、black belt、master black belt或是champion；採用類似武術分級的名詞，其主要目的要強調Six Sigma的另一項特色『專家輔導』（coach）的關係。由於以往品質教育往往僅注重概念性的說明，無法與員工實際工作相關聯，結果員工僅是聽過品質的概念，根本不瞭解如何在工作中應用；因此Six Sigma非常強調推動者的專業性，而且這種專業性必須基於：一、實作（hands-on）；二、與實務工作相關，於是『專家輔導』的關係就非常重要，唯有透過不同層級的專家之間經驗傳授與提攜，企業才能得到真正的效益。」（圖4-9）

「目前已經有很多機構協助企業培訓各種角色的Six Sigma專家，在網際網路可以查到許多訊息」，Jennifer顯示主要的Six Sigma輔導機構。（圖4-10）

Six Sigma主要流程

「剛才提到Six Sigma的DMAIC程序，非常重視流程的最佳化；流程最佳化之前，我們必須能鳥瞰企業核心作業（bottom-line）到客戶之間的各項程序，也就是要對企業的end-to-end程序加以分析。能夠由『宏觀』（big-picture）的角度審視企業end-to-end的程序，管理者

圖4-9　Six Sigma活動所需的角色與組織架構

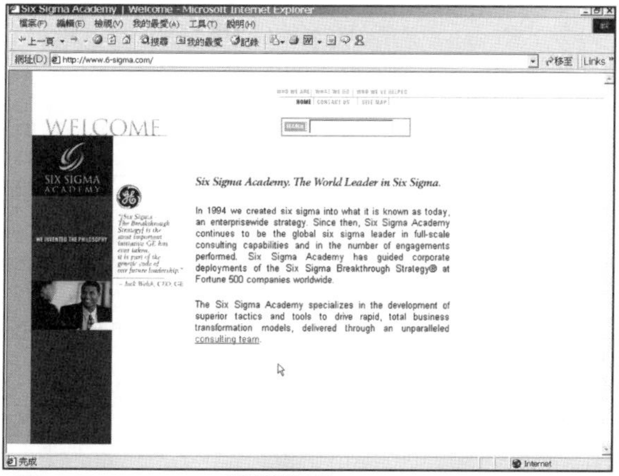

圖4-10　Six Sigma輔導機構 http://www.6-sigma.com

才能清楚地瞭解企業與客戶之間實際互動的過程以及企業內各部門之間的作業關連性。」

「有一句俗語說：『上樑不正，下樑歪。』因此，Six Sigma主要流程的第一步就是先檢查『上樑』，也就是審視企業End-to-End的程序，找出在部門內部與跨部門之間的關鍵作業流程，藉以瞭解最終這些程序能提供哪些產品、服務，以及這些產品、服務如何透過企業End-to-End的程序提供給企業的客戶。大部分的企業在推行品質管理時，會比較重視作業層面的問題，也就是『如何解決問題』（problem solving），相對來說，對於『改善決策品質』（strategic improvement）以及需要較長時間的『企業轉型』（business transformation），企業經常會忽略這些層面所造成的問題。如果沒有先檢查『上樑正不正』，管理者可能就需要花費更多的時間來改善『下樑』，但卻得不到顯著的成效。」

「所以，Six Sigma主要的流程就必須由『上樑』開始檢查，也就是審視企業的End-to-End程序，找出關鍵程序與該項作業最終能產生的產品、服務，以及主要的客戶」，Jennifer切換到下一張圖。（圖4-11）

「第二步便要從如何達到客戶滿意（customer satisfaction）的角度，釐清企業的End-to-End作業程序能夠影響客戶滿意程度的因素，藉以訂定明確的產品規格或服務品質要求，所

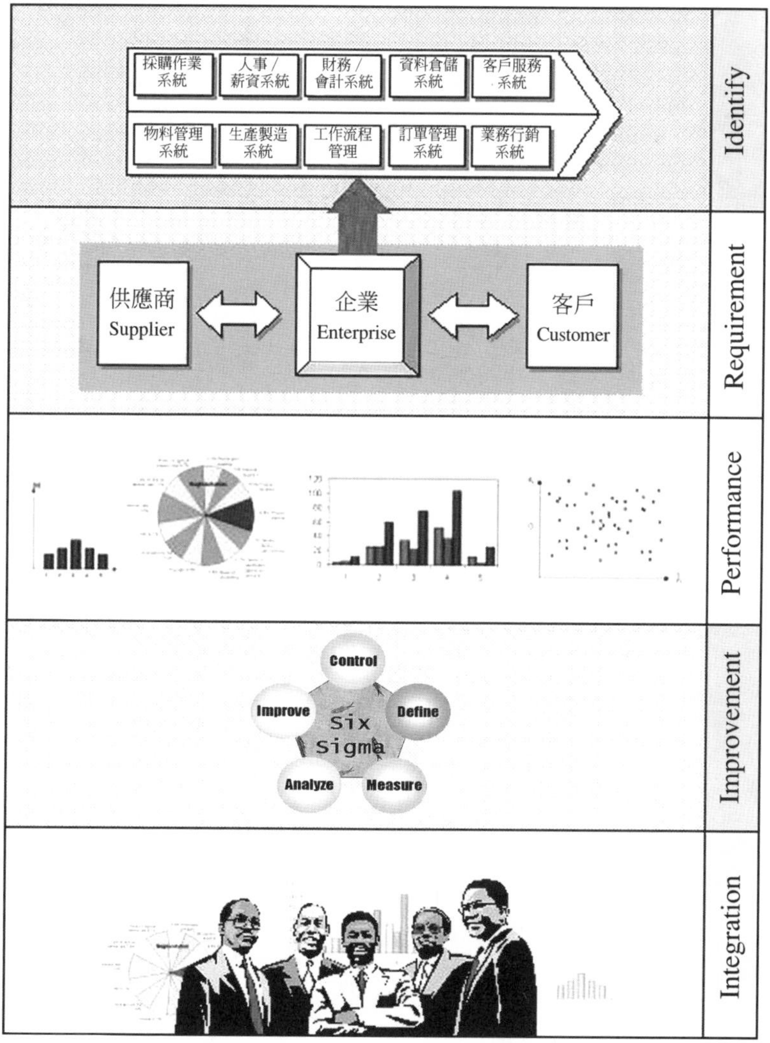

圖4-11　Six Sigma的主要流程

訂定的規格就成爲我們衡量作業成效的基準。有了明確的品質基準，管理者就可依照此基準來衡量各項End-to-End作業程序的效能，這樣就可以得到各項作業程序的DPMO值；由於有些作業比較複雜，在計算DPMO值的時候需要應用到較多的統計技術，因此，爲了得到更客觀的DPMO，就需要較熟悉統計技術的Black Belt帶領Six Sigma的品質專案，由Black Belt來建立適合該專案的DPMO計算方式，以確保DPMO數值的客觀性。」

「得到DPMO值後，就能夠計算該項作業所達到的Sigma水準。剛才有說到Sigma水準也頗具挑戰性的目標，因此管理者必須評估現實的情況，設定適切的Sigma水準爲衡量目標；如果現在的作業效能尚未達到這個目標，就要著手加以改善。管理者應該依據現有的資源，設定品質目標、改善的範圍以及達到目標的期限，採用DMAIC的程序來改善作業品質與流程最佳化。」

「由於Six Sigma的活動是採用品質專案的形式在企業內運作，當專案確實達到預定的目標之後，便需要將這些成功的經驗與措施持續的落實，因此，最後一步就是讓專案的成果能夠持續，讓Six Sigma活動的各項技術與工具能夠成爲員工日常工作的一部分，促使重視客戶滿意度的Sigma文化能在企業中逐漸發展。」

Six Sigma成功關鍵要因

「Six Sigma超品質管理追求是以'Learning by Doing'的實作方式，將Six Sigma的品質概念落實在員工的例行工作上，使企業能得到最大的品質效益。企業的管理者與員工若能善用Six Sigma所提供的各項技術，就逐步使關鍵流程達到最佳化，並且服務、產品的品質也能提昇，最終的目的就是讓企業能隨時以客戶滿意目標，藉此獲得實質的利潤。」

「Six Sigma品質專案要設定清楚、具體的品質目標，例如，設備送修二十四小時內完修、手機申請十五分鐘內開通使用等；而且這些目標必須迎合主要客戶的需求。企業推動各項Six Sigma品質專案，也要注意時效性，儘可能在最短的時間內達到預期成效，同時也要兼顧中、長期技術發展的適用性。要達到這個要求，管理者與專案推動者就必須參照DMAIC的程序與Six Sigma的流程來切實執行。」

「由於企業特性的差異，組織生態也各不相同，即使採用一樣的方法也不見得能獲得相同的結果；所以，Six Sigma的各項活動也需要配合實際企業現況加以調整。專案的推動者要推廣成功的經驗，也同樣要記取失敗的教訓，這樣才能使Six Sigma超品質管理的各項活動與企業實際需求相互配合，最後的目的是讓企業擁有適合其特性的Six Sigma文化——以客戶需求爲導向，爲達成企業獲利的主要目標，推動流程最佳化與品質提昇。」

「除了前述的各項成功要因之外，企業決策者的強力支持是專案成功的必要條件，Six Sigma超品質管理也是如此」，Jennifer接著說：「決策者的堅持，永遠是專案能否成功的主觀條件。」

介紹Six Sigma超品質管理的關鍵成功要因之後，Jennifer開始總結：「其實，Six Sigma主要的思維就是以客戶需求爲導向，以企業獲利目標，所推動的品質管理措施。由於能夠透過DPMO值換算作業效能的Sigma水準，使得流程與流程之間、組織與組織之間，甚至是企業與企業之間的品質與效能都可以客觀地相互比較。Six Sigma採用的DMAIC程序，使企業有能力因應外在環境的需求，隨時調整作業流程，並且逐步達成流程的最佳化。」

「至於統計理論與相關的工具，則由企業中不斷培植的『專家』來帶領員工，透過實作過程瞭解如何應用這些工具，強調這種'Learning by Doing'的實作方式，讓員工能夠重視企業的品質效益，就是Six Sigma超品質管理與傳統品質管理最大的區別。」

Jennifer的簡報告一段落，Nancy便請大家休息片刻，因爲我們還請到Justin教授要與我們分享e-Business的議題。

這次同學會很高興能同時邀請Justin教授、Adam教授與Kevin教授參與我們的活動，這三位是在校園裡同學們公認最受歡迎的教授；趁著這段休息時間，很多同學正在與教授們合影留念。雖然Justin是三位教授中年紀最大的，但是他天生一副娃娃臉，再加上天真風趣的個性，很難讓人猜出他實際的年齡。

在此次同學會，Justin教授將與大家分享e-Business的議題。休息時間結束，簡短的開場後，Stephen便邀請Adam教授擔任這個單元的主持人。

第五章　有價的企業電子化工程

首先，Adam替我們向Justin教授致謝，並簡單地描述目前新經濟發展的趨勢，接著便請Justin教授來分享e-Business的議題。

溢著滿臉的微笑，Justin教授向Adam教授徵詢意見，說道：「嗯，我希望能讓氣氛更輕鬆一點，不妨就以座談會的方式進行吧？」Adam教授也同意，於是我們請服務人員調整燈光的亮度，讓大家仍可清楚看到投影幕的內容，Nancy協助Justin教授操作投影設備，Stephen則陪同Adam教授回座。

企業電子化概念

Justin教授笑著說：「相信各位也感受到，各種新管理名詞出現的速度越來越快，如知識管理（KM）、企業入口網、新經濟（New Economic）、供應鏈管理（SCM）、客戶關係管理（CRM）、m-Commerce等，這一方面是拜科技進步所賜，另一方面則是管理上的實際需要。」

「在前幾年電子商務（e-Commerce）非常熱門，有很多電子新貴在這波熱潮中產生，不過也很快地隨著電子商務泡沫消失而凋零。隨著這個泡沫消失，各界開始反省這波熱潮，發現並不是科技造成電子商務泡沫化，眞正的問題是大部分電子商務的參與者忽略企業經營的本質—獲利。許多電子商務公司在不切實際的獲利模式中，很快地花光營運資金，卻無法爭取到關鍵的消費群體。」

「網際網路科技使商業的交易行爲更加靈活，內容也更爲豐富。商業活動能透過數位化突破時間與空間的限制，並且拉近了供應商與消費者之間的距離。隨著網際網路技術的進步，企業逐漸將這項技術應用在管理層面，因此，著重企業內部運用的Intranet概念與強調企業與外部供應商之間互動的Extranet概念，成爲管理階層所重視的議題。」

「那麼，電子商務與我們今天所探討的主題—企業電子化之間有什麼區別呢？」Justin示意Nancy切換到下一張。（圖5-1）

「兩者之間最簡單的區別在於電子商務僅著重買賣之間交易行爲的數位化應用，就是圖

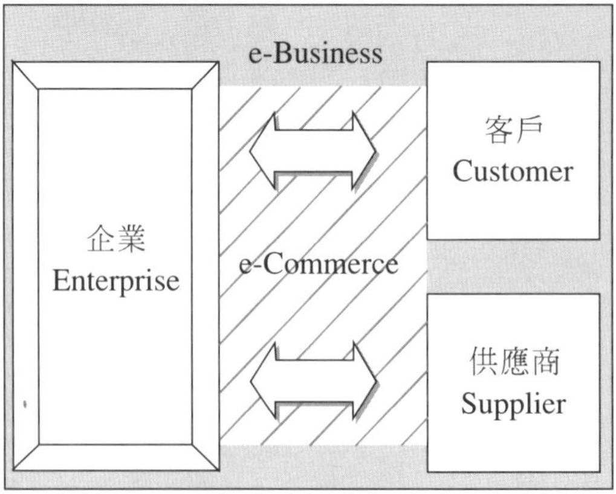

圖5-1　電子商務（e-Commerce）與企業電子化（e-Business）

上斜線網底的部分；企業電子化則是不僅買賣之間交易行為的數位化應用，更強調內部作業流程如何將企業與外界互動過程的數位化，在圖上最外圍的灰色部分就是企業電子化所涵蓋的層面；依照Kalakota與Robinson所提出的定義，企業電子化的目標是追求顧客價值的極大化，這涵蓋的層面便包括企業內部的資源規劃管理，例如，人事、生產、行銷、財務等管理功能與企業的隱性資產，以及外部的供應鏈、客戶關係管理等項目。」

Justin教授說：「事實上，企業電子化的範圍太廣，分類是必須的，針對不同的構面我們才容易研究各項適合的管理措施。在介紹這個架構之前，我們要從市場上買方

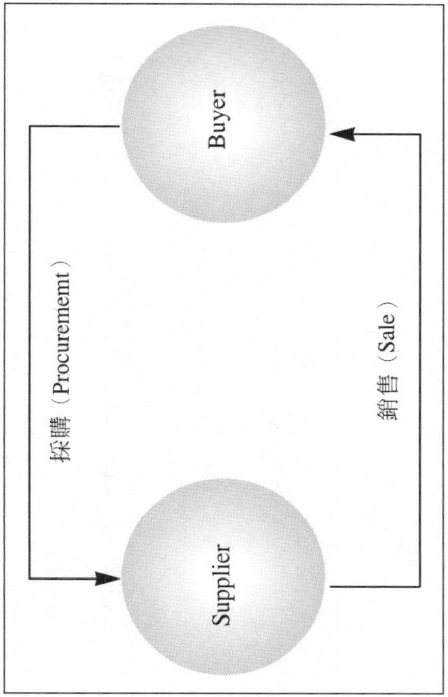

圖5-2　市場上買、賣雙方的相互關係

（buyer）與賣方（supplier）的關係出發。這個概念圖可以延伸出各種不同的買賣關係。」（圖5-2）

「當我們將買方與賣方分別替換爲企業或個人，則會產生如圖所示的四種主要的買賣關係，分別是B2B、B2C、C2B、C2C。」（圖5-3）

「這四種買賣關係可運用2＊2的矩陣將加以組合，如此便形成企業電子化應用的四個主要層面。」（圖5-4）

「因此，我們可以將企業電子化應用的影響區分爲四個層面：B2B、B2C、C2B、C2C；在這張圖中，白色部分代表供應導向（supply-driven model），灰色的部分代表需求導向（demand-driven model）。在探討企業電子化，我們經常採

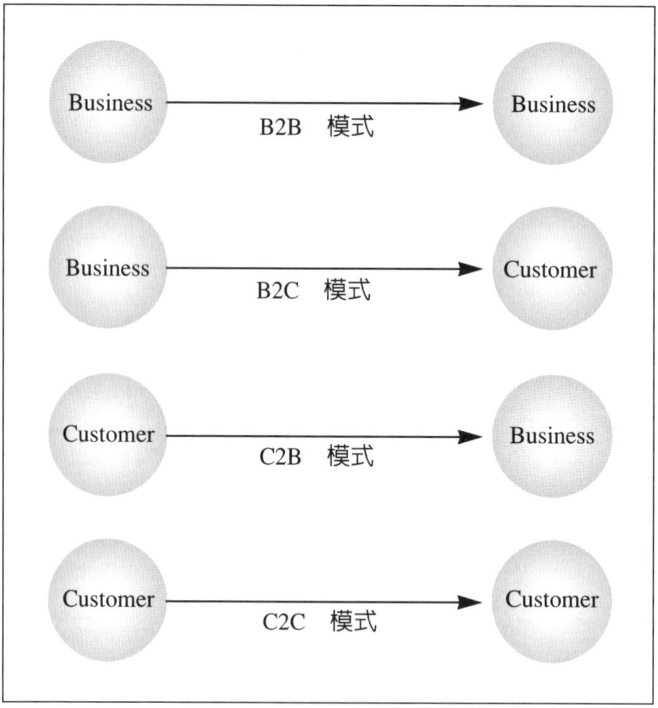

圖5-3 四種主要的買賣關係

用這種分類的方式。」（圖5-5）

「根據這四個層面，Edward Juo提出企業發展的兩個主要方向，第一個方向是由定型化、標準化的單一產品或服務發展爲客製化、彈性化的多樣產品與服務，如圖形上所顯示，是屬於技術性的發展；第二個方向是由有形的通路導向式銷售模式發展爲以關係導向式的直接銷售，是屬於組織系統架

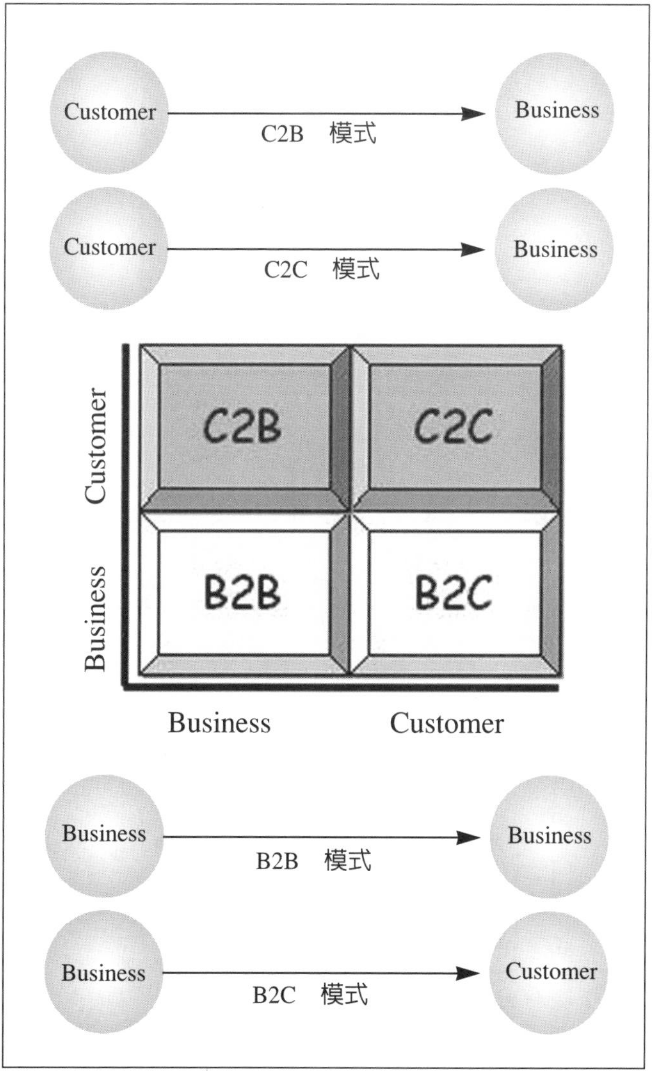

圖5-4　買賣關係與企業電子化應用的層面

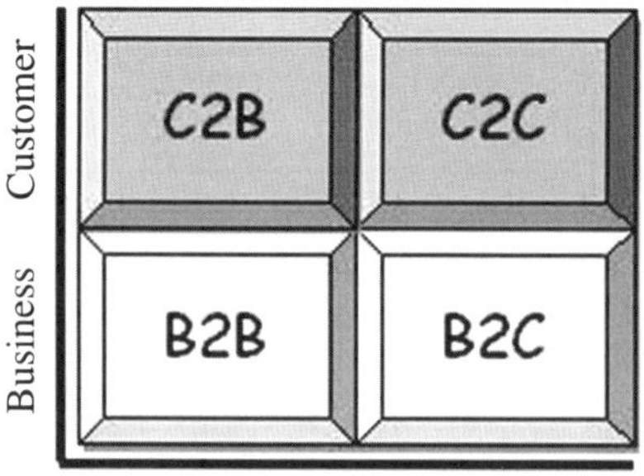

圖5-5　企業電子化應用的四個層面

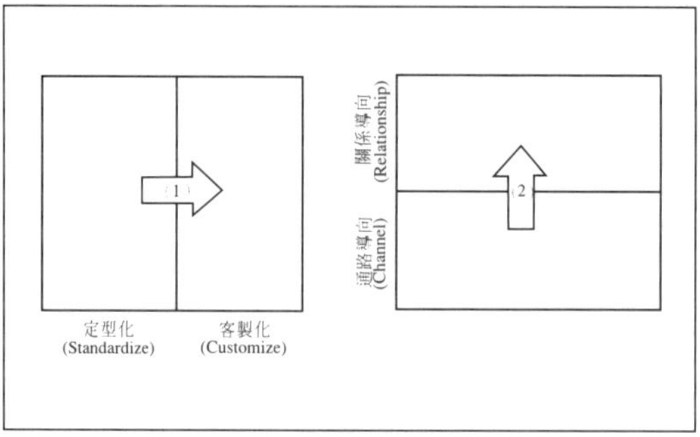

圖5-6　企業發展的二個方向

構的提昇。」（圖5-6）

「企業朝向第一個方向發展主要得依靠電子化科技，例如，建置所需的各項軟體與硬體設備；另外一個方向的發展程度則會受到企業的組織、制度層面與產業型態與市場結構的影響。這兩個方向相互交織成爲企業電子化的應用架構。」（圖5-7）

「除了採用B2B、B2C、C2B、C2C這四個層面來探討企業電子化之外，還可以運用I-P-O（Input-Process-Output）

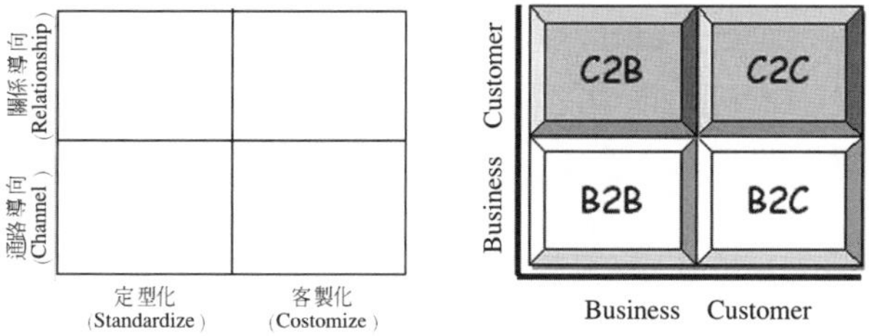

圖5-7　企業電子化的應用架構圖

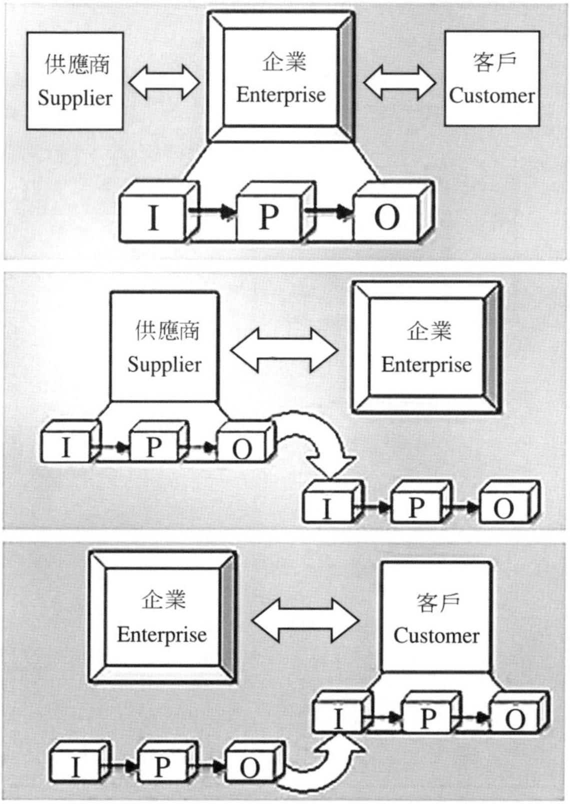

圖5-8　基本的Input-Process-Output關係模式

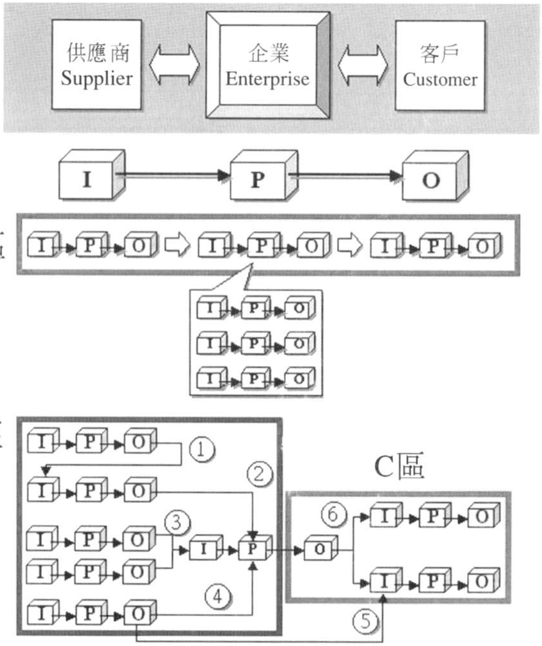

圖5-9　I-P-O關係模式的擴展

關係模式來界定企業電子化的的應用層面。」Justin請Nancy切換到下一張。（圖5-8）

「在I-P-O關係模式的第一張圖是以企業本身爲主體，供應商的產出（output）就是企業的輸入（input），透過企業的處理（process）過程，企業的產出緊接著成爲客戶的輸入，這就是第二、第三張圖所表現的內容」，Justin接著說：「運用I-P-O模式，可以將企業內的核心作業流程展開」，Nancy切換下一張圖。（圖5-9）

「圖上有幾個標記符號，①是表示供應商與其上游供應商之間的I-P-O關係；②是表示企業在加工處理的階段與供應商的I-P-O關係；③是表示企業與多個產品原料供應商之間的I-P-O關係；④與⑤是表示供應商與企業及其客戶之間的I-P-O關係；⑥是表示企業與多個客戶之間的I-P-O關係。」

「企業內的核心作業流程，可以依照I-P-O模式，按產品、功能、部門……等關係逐步擴展；核心作業流程展開後的基本概念，在圖上以A區顯示，如果企業電子化應用於企業與供應商之間的I-P-O關係，在圖上以B區顯示，這就屬於供應鏈管理（Supply Chain Management, SCM）的範圍；若是企業電子化應用於企業與客戶之間的I-P-O關係，在圖上以C區顯示，這就屬於客戶關係管理（Customer Relationship Management, CRM）的範圍；若探討的範圍僅針對企業內部的I-P-O關係，這就是ERP（Enterprise Resource Planning）的範籌；著重企業隱性智慧資產管理的I-P-O關係，就是知識管理的議題。」

「運用同樣的模式，換個角度來看，若我們僅探討企業與外在組織間的互動，企業與企業或組織之間的I-P-O關係就屬於B2B的層面；對於企業與消費者之間的I-P-O關係則可歸類爲B2C的層面；同理，其他層面也可以透過相同的方式來區分」，John提出問題，於是Justin

停了一下。

企業電子化改變作生意的方式

John問：「老師，雖然我們經常聽到B2B、B2C、C2B、C2C這四種企業電子化的模式，但是仍不太明白企業的電子化應該如何應用，是否您會建議我們採用I-P-O關係來探討企業電子化的應用？」

Justin環視在座的同學，回答：「單純的『上網作生意』並不是企業電子化的目的，追求利潤與客戶價值的極大化才是企業電子化的眞正目標。因此，Justin強調：「企業電子化的目標就是要更有效率地結合企業內部資源，透過強化與外界關係的連結，提昇企業的整體競爭能力，進而獲取更多的利潤。由此看來，企業經營的原則還是沒變，就是要『賺錢』。透過電子化所改變的不是企業經營的原則，而是生產、銷售與客戶三者之間的『關係』（relationship）；這層『關係』，是指企業內部門與部門之間、企業與企業之間、企業與顧客之間、企業與供應商之間，甚至是同業競爭者之間的相互關係，都隨著科技的革新而改變；一旦這層『關係』改變了，作生意的方式也就自然不同。」

「運用網際網路與通訊科技，企業能夠更即時地提供商品訊息與售後服務，網路下單與電子化的付款認證機制，使得生產者能在縮短與消費者之間的距離，加速產品的流通速度；消費者的行為與偏好能夠被保存在網路資料庫中，企業能精確地研究客戶偏好與特性，藉以開發更有市場潛力的商品或促銷方案；銷售通路也隨著科技進步無限地增大，時間與空間的限制卻逐漸地減少。簡單來說，也就是作生意的方式正在改變。」

「不變的是企業經營的原則，只是這層『關係』隨著企業電子化而改變；因此，傳統作生意的方式也就必須調整」，Justin說：「既然企業電子化改變的是這層『關係』，那麼從問題根源來分析就是比較可行的作法。I-P-O模式能夠突顯問題的根源，協助管理者找出哪些『關係』應該加以改變，以及哪些核心作業流程必須加以調整。」

回答了John的問題之後，Justin接著說：「企業電子化改變作生意的方式，不過作生意的方式再怎麼改，如果最後仍然不能賺到錢，這一切還是空談，所以，接下來就要研究這些改變如何幫企業賺到錢！」

企業電子化突顯核心競爭力

環視在座的同學們，Justin問大家：「怎麼樣才算『賺到錢』？」Mark回答：「提高產品的銷售量」，Tim接著說：「利用網路行銷，擴大銷售通路」，Jerry說：「注重產品品質與客戶關係，強化銷售能力」，Mary跟著回答：「設法降低生產成本」，Philip說：「採取產品差異化的策略，增加產品附加價值」，Nicola回答：「策略結盟，共同開拓市場」，Anthony說：「策略性購併，加速企業的擴張。」

同學發表意見後，「你們所說作法都是很具體的措施，我所指『賺到錢』的意義就是要強調企業的利潤（profit）。請各位再想一下，對於企業來說，利潤是什麼？」稍稍停頓後，Justin說：「總收入扣除總成本就是利潤！」

「其實，如何推動企業電子化的還不是最主要的議題，真正影響企業獲利的關鍵是—『當大家都在推動企業電子化時，企業的優勢何在？』。我們改用比喻的方式來解釋這個問題：這就好比在星河裡，除了那幾個特別耀眼的星星之外，其他的星星就不太容易被察覺，可是在晴朗的夜空裡就算僅有一個星星在閃爍，這顆星星很快就會被察覺。」（圖5-10）

圖5-10　星河圖

Justin說：「在推動企業電子化之後，真實的情況是：企業的收益並不會隨著入口網站的建置而有顯著的改變，產品占有率也不會因爲客戶服務品質提高而顯著提昇，企業集體採購（e-Procurement）的機制也僅能有限度地減少支出。」

「客戶關係管理系統能否能將客戶的價值極大化？」

「其實，也沒人知道！」

「因爲，要發揮這些系統的作用必須要整合企業內的其他系統。企業必須要有資料倉儲（data warehouse）才能保存與分析如此鉅量的資料，組織還必須有企業資源規劃系統（Enterprise Resource Planning, ERP）才能將後勤作業所需的會計、財務、物料、存貨、人事……等訊息加以整合，企業還必須將各種平台上的應用系統加以整合，這勢必要推行eAI的系統整合專案，避色訊息內容的不一致，以及降低系統整合複雜度，讓內部作業的訊息能更即時地更新與同步。除此之外，企業還需要建立單一的入口網站以及各式各樣的內部網站，輔助各部門能快速交換訊息。這些系統若能夠密切整合，作業單位便可以即時解決客戶的問題。」

「企業內不同類型的資料庫如何有效率地交換資料；網路安全管理、資訊與通訊設備的更新與投資、備援系統的規劃、設備運作的效能……等問題，都需要管理者詳加規劃。」

「你們以爲企業電子化就僅止於這樣嗎？」，Justin說：「管理者還必須研究作業流程如何最佳化以配合企業電子化的腳步，而且也需要檢討現行決策制定過程與作業效能以及員工所需要的各項職能（capability）。現有品質管理體系也必須與企業電子化的措施相互配合；衛星工廠、原物料供應商與企業之間的資訊如何更有效率地互相整合；客戶付款方式、催帳作業以及企業與金融機構之間訊息的搭配……等，這些也都是影響企業電子化能否獲得顯著成效的關鍵。」

「企業推動電子化的過程有這麼多的項目需要規劃，會涉及到這麼多系統之間的整合，涵蓋的層面相當深，範圍也相當廣；如果，推動企業電子化時缺乏明確的企業目標的話，這整個過程就會像：『沒有終點的馬拉松。』要跑完的馬拉松已經需要很大的毅力與耐力，如果管理者不瞭解電子化的企業目標，企業將會找不到這場馬拉松的終點」，Justin請

圖5-11　企業電子化與核心競爭力的關係

Nancy切換投影片。

「實證研究結果顯示：企業的核心競爭力才是使企業能獲取利潤的關鍵。如果，企業電子化的目標是追求顧客價值的極大化（也就是『獲利』），那麼企業電子化的眞正目標就必須是突顯並強化企業的核心競爭力。」（圖5-11）

Justin 教授側身面向Adam教授說：「談到企業核心競爭力，你們應該找Adam教授，我就不要在這裡班門弄斧了。你們想多瞭解如何分析企業核心競爭力，待會可以找Adam 教授。」

我心想：「噢！Justin教授也會說成語，他快成中國通了。」

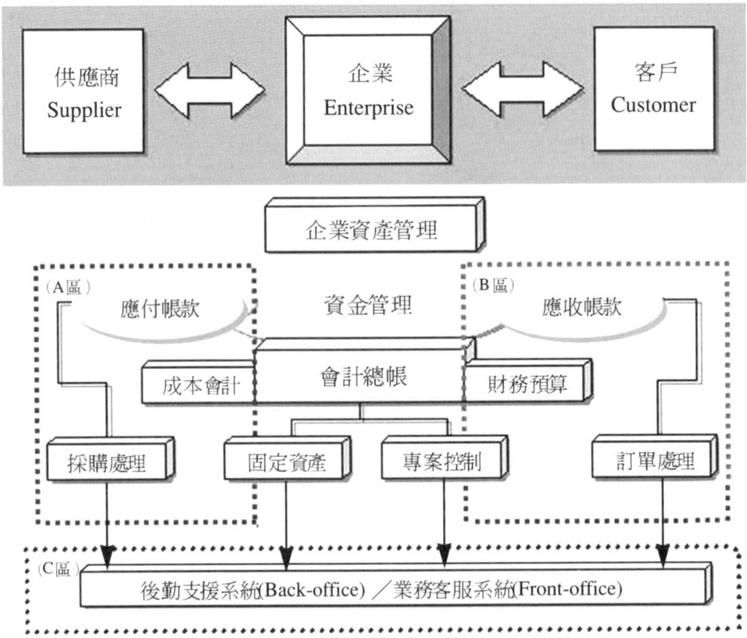

圖5-12　企業財務系統架構與企業電子化的關係

從財務的角度出發

Nancy切換到下一張投影片，Justin教授說：「既然企業電子化的目標是追求顧客價值的極大化，也就是『獲利』，那麼我們就從財務的角度出發，來探討企業電子化。」(圖5-12)

「從企業財務系統架構中，我們可以看到資金管理主要有兩大項：應收帳款與應付帳款，這兩項分別與客戶以及供應商相對應；會計總帳則包括了成本會計、財務預算、固定資產與專案控制等主要的四個項目；在最底層則是企業的核心作業流程與系統，後勤支援系統（back-office）包含了企業的人事、生產、運輸……等作業系統，業務客服系統（front-office）則是指行銷、業務、客戶服務……等作業系統。」

「在這個架構內，B區所標示的就是客戶關係管理所涵蓋的範籌，A區所標示的就是供應鏈管理所涵蓋的層面，最底層的C區則是企業資源規劃、企業核心作業流程與系統所組成。」

「剛才我們說過，利潤就是收入扣除成本，從企業財務的角度來看，B區代表企業的收入，在這個部分推動電子化的主要目標是提高企業收入，A區代表企業的成本，在這個部分推動電子化的主要目標則是降低經營成本；最底層的C區代表企業的業務客服系統與後勤支援系統，由於是企業的核心作業流程與系統，這部分推動電子化的目標就在於如何有效整合資訊、應用資訊，因此不論企業在推動CRM或SCM，都必須重視與企業ERP系統的結合。這種整合能夠成功，企業電子化的效益才容易顯現。」

「將顧客價值極大化是企業電子化的目標，透過財務系統的架構，我們可以掌握企業電子化達成此一目標的過程與作法，也較容易區分客戶關係管理CRM與供應鏈管理SCM之間的主要差別。」

「至於最底層的C區，則可以回答剛才我問各位的問題：『當大家都在推動企業電子化時，企業的優勢何在』？」

「通常存在組織之內的競爭優勢是稀少的，這種優勢往往也是有限的，而這種優勢經常會被競爭對手很快模仿而消失。比如說，我們導入ERP，競爭對手也導入ERP；我們建置Call Center，競爭對手也建置Call Center；我們導入CRM，競爭對手也導入CRM；我們導入SCM，競爭對手也導入SCM……。在這種情況下，企業的優勢是無法長久保持；因此，企業便需要整合價值鏈來衍生新特色，以建構更完整的競爭優勢。企業價值鏈的整合就是最底層C區所探討的範圍。」

「價值鏈整合所形成的特色與優勢，將使得模仿變得十分困難，於是這項優勢才能持續與加強，成爲提昇企業價值的關鍵要素。所以，我們可以說：企業電子化的重點其實在於如何有效整合企業的價值鏈，突顯核心競爭力。」

企業資源規劃

「這樣看來，最底層的C區才是企業電子化的精神所在。所以，我們先回顧這部分的發

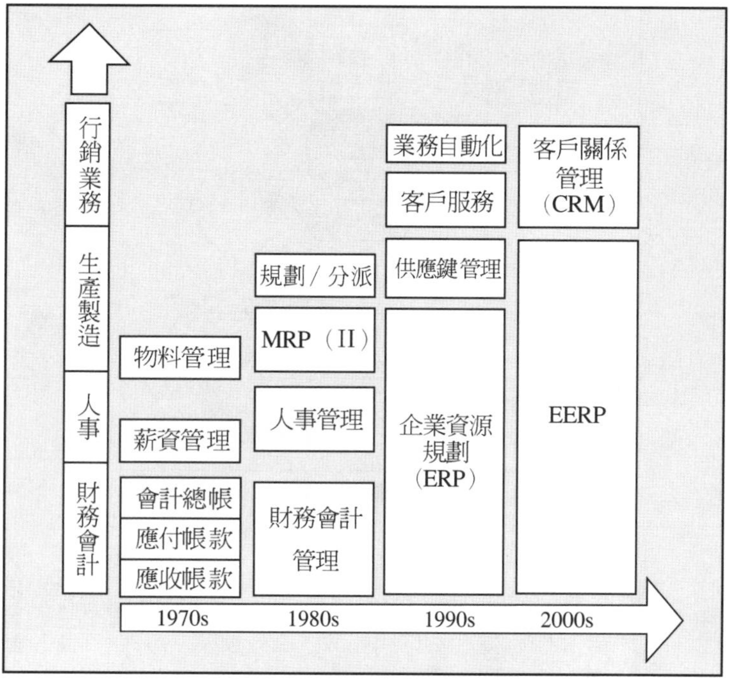

圖5-13　企業資源規劃的發展歷程

展過程。」（圖5-13）

「在圖上橫軸所顯示的是時間，我們從一九七〇年代起開始探討近四十年間的發展歷程，縱軸所代表的是企業應用的層面，從最基本的財務會計、人事、生產製造的應用，漸漸擴展到行銷業務、客戶服務以至於其他層面。縱軸的上方還有一個箭頭，代表企業應用的領域會隨著管理與科技的發展而逐步擴大、延伸。」

「從整個演變的歷程可以發現，當企業應用領域逐步擴

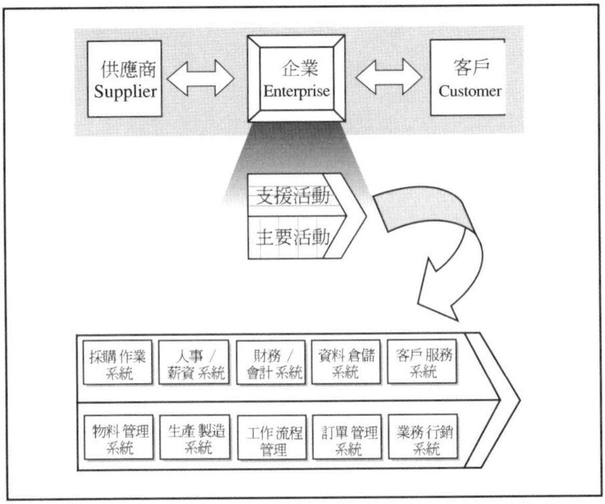

圖5-14　企業價值鏈的主要活動與支援活動

大的同時，各個獨立的功能也會逐步整合，以配合企業的需求。所以，如何有效整合資訊、應用資訊就是企業資源規劃最重要的任務；簡單來說，企業資源規劃就是在『整合』，其目的是強化與擴展企業的能力。」

「企業需要建構更完整的競爭優勢，因爲，競爭力才是影響企業獲利的眞正關鍵，提昇企業競爭力最直接的作法是整合價値鏈以衍生新特色。整合價値鏈說起來簡單，但作起來卻不容易；『從何處著手』就是第一個面臨的問題。」

「依照Poter的價値鏈分析，企業價値活動可以分成兩大類：主要活動、支援活動，在這裡我們分別列舉了數項企業的價値活動。」（圖5-14）

「整合價值鏈的第一步是核心競爭力分析，核心競爭力分析可以應用價值框與價值螺旋分析」，Justin看一看Adam，說：「我記得Adam教授有一門研究所的課程，主題就是如何分析與發掘企業核心競爭力」，Adam教授微笑回應。

「界定要整合哪些價值鏈之後，下一步就是規劃這些價值鏈所涉及的流程與系統應如何整合才能達到最佳的效果，簡單來說就是『最佳化』。隨著企業的發展，原有的核心作業流程或系統必須不斷地配合企業各階段的需要加以調整、更新；因此，新、舊系統之間、系統與系統之間的整合以及作業流程與系統之間的搭配，由於系統整合的特性通常是網狀型式，就是一旦更新某個系統，就必須同時更換此系統與其他系統之間的介面，所以這種系統整合工作往往是非常繁瑣的。」（圖5-15）

「為了改善傳統的網狀整合作法，eAI（enterprise application integration）便改以bus-line的方式來整合企業內的各個系統，bus-line的作法就是將企業內部各個系統之間的溝通介面統一，透過這個標準，讓各個系統之間的訊息都能很順利的交換，這種作法可以大幅減少系統整合所必須的時間與資源，而且企業內部的作業系統架構也因此變得更有彈性。」（圖5-16）

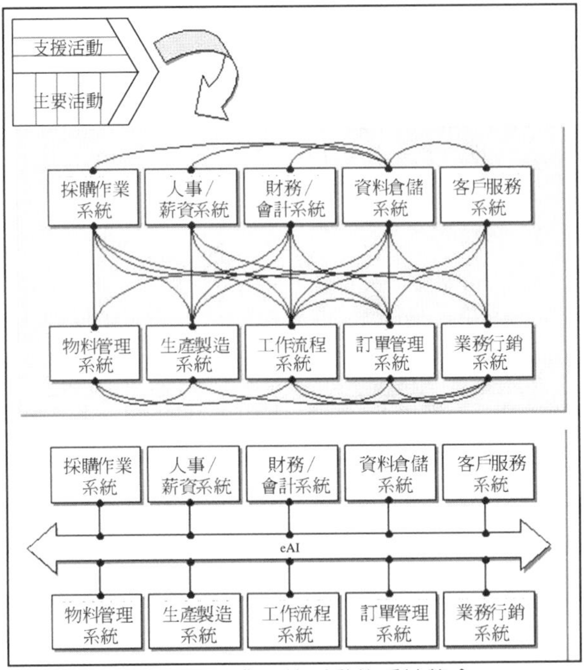

圖5-15　企業價值活動的系統整合

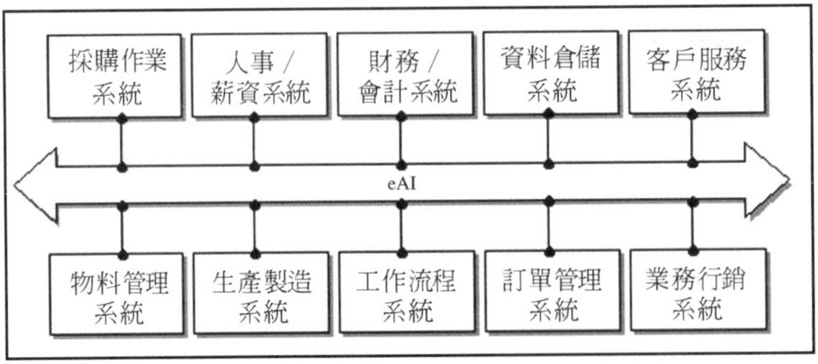

圖5-16　eAI簡化企業系統整合的複雜度

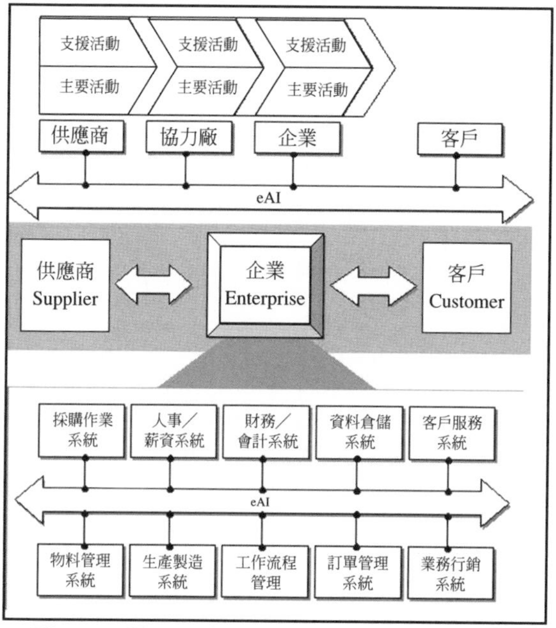

圖5-17　運用eAI整合企業內、外部的價值鏈

「這種彈性的作業系統架構不但能夠大幅度提昇企業內部系統的整合效益，由於系統與系統之間建立了一致的通訊標準，所以除了企業內部的使用者之外，企業的客戶、供應商與協力廠商之間都能夠藉由eAI方式密切連結，所以，eAI亦成爲整合企業價值鏈的一種必要手段。」

「在接下來，這張圖是從應用系統層面來探討eAI在整合企業價值鏈時的架構。如果企業、協力廠、供應商以及客戶都能採用eAI的共通標準，企業內部與外部的價值鏈將能更靈活地整合。」（**圖5-17**）

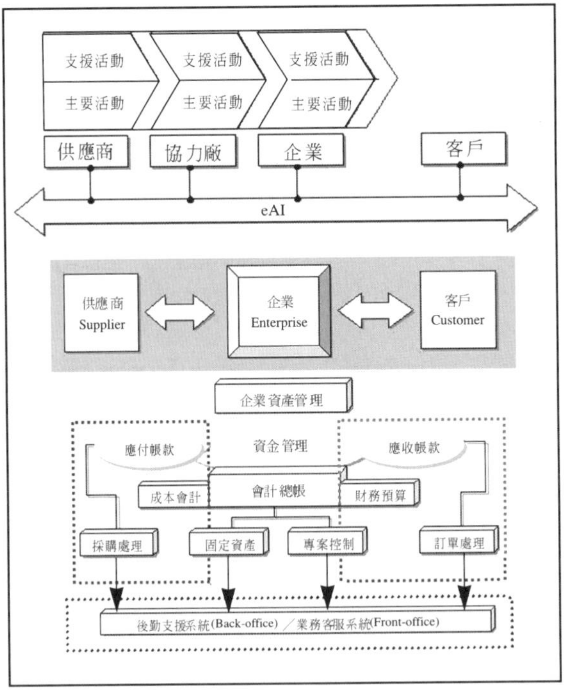

圖5-18　eAI與企業財務架構的對應

「企業價值鏈的整合若能具有彈性，整合價值鏈就能夠提高企業的營運能力，進而獲取利潤，將成效反映於財務績效。由eAI與企業財務架構的對應圖中，可以很發現eAI確實對企業的財務層面有廣泛且直接的影響」。（圖5-18）

「從時間的角度來看，對於企業而言，time to market往往會影響到其財務層面，我們來看看接下來的關係圖。」（圖5-19）

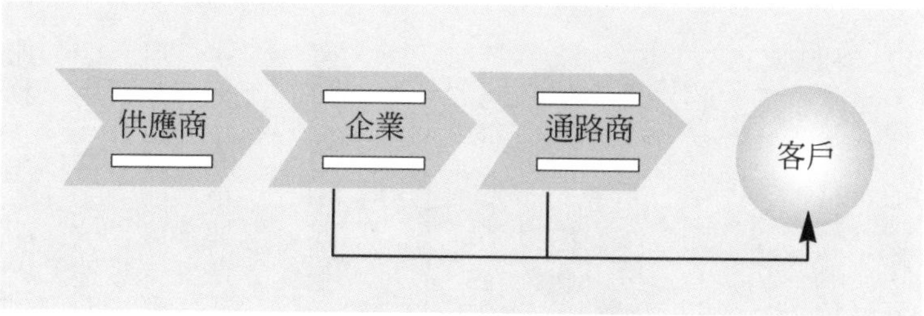

圖5-19　生產、銷售關係圖

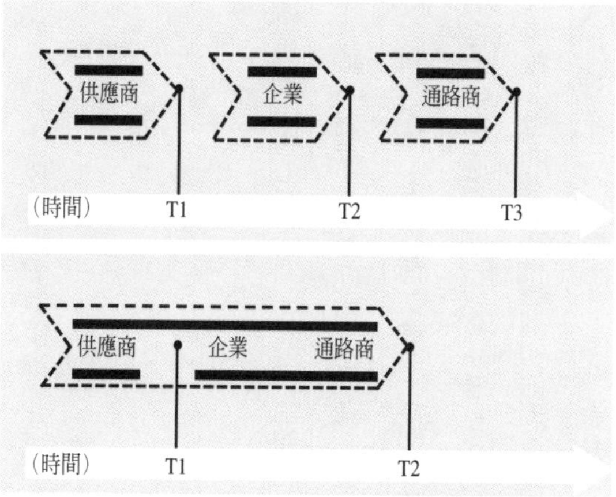

圖5-20　價值鏈的時間分析圖

「在這個關係圖中，產品的價值鏈是由供應商、企業以及通路商所組成，在圖上虛線的部分就是這個價值鏈，企業的產品或服務可以透過通路商，也就是批發、零售、代理、直銷……等管道提供客戶使用，在圖上以黑色的區塊表示這層關係。」（圖5-20）

「我們以時間分析爲基礎，第一張圖顯示在企業價值鏈整合之前，客戶只能在T3時間點才會取得產品或服務，第二張圖則顯示當價值鏈整合之後，企業的產品或服務在T2時間點就可以提供客戶使用。在十倍速的時代，時間往往是決定企業能否獲利的重要關鍵，達到Time to Market的目標也就成爲管理者最重要的任務，透過價值鏈的時間分析，大家可以更加體會企業價值鏈整合的重要性。」

客戶關係管理

「企業電子化的精神其實在於企業內、外部價值鏈的整合，加速且擴大企業的獲利與經營能力；電子化是一條必經的過程，eAI則是企業在系統層面整合的重要關鍵。管理者只要能掌握這個概念，就可依照預算，由財務架構中找出哪些部分需要加以電子化，並且可以規劃具體的作法。因爲企業系統必須能夠以end-to-end的方式來整合價值鏈，這樣的電子化才容易產生顯著的財務成效，協助管理者達到預期的目標。」

「增加利潤的方法不外兩項：一、開源；二、節流；企業的收入扣除成本就是的企業的利潤。從整體的角度來看，開源是較積極的作法，至於節流原本就是企業例行的要務，所以，我們來談談客戶關係管理（CRM）的要點。」

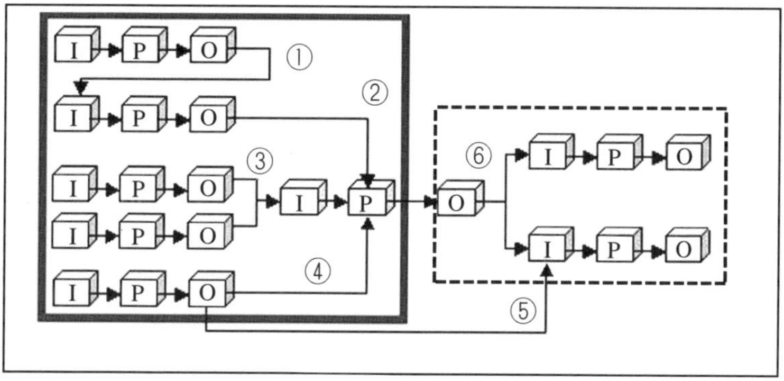

圖5-21　I-P-O關係模式的擴展圖

「首先提到CRM的涵義：客戶關係管理是藉著界定（identifying）、吸引（attracting）、保持（retaining）與主要客戶群體的關係，以使企業的盈收能穩定成長。我們在I-P-O關係模式的擴展圖中虛線的部分就是客戶關係管理（CRM）所探討的範圍」（圖5-21）

「客戶關係管理中所謂的界定、吸引、保持等三項，則分別對應到客戶識別分析（customer insight）、行銷業務自動化（marketing/sales automation）與商展管理（campaign management）、個人化服務（personalization）等管理技術。」

「客戶識別分析一般會彙整分析客戶對公司的貢獻程度、消費者的行爲（behavior）、消費傾向（propensity）、付款方式以及呆帳風險……等項目，藉以區分主要客戶群與其特色，其中包括：哪些是公司最有價值的客戶？哪些客戶下訂單的可能性最高？商展活動的效果如何？行銷活動的投資報酬率如何？公司的商展與行銷活動是否能吸引主要客戶群的注意？……等以作為行銷規劃與業務推廣的重要依據；行銷業務自動化則提供適合的措施與系統協助行銷與業務人員能夠即時回應客戶所提的需求，並即時回饋客戶資訊供業務單位運用；商展管理是依照企業的市場策略與客戶特性來規劃各項活動，主要的流程有點類以Mark剛才所提的PDCA（Plan-Do-Check-Act）程序，商展管理在規劃（Plan）的階段是藉由客戶識別分析所蒐集到的資料，規劃並預測可能的業務機會，配合公司的市場策略研擬商展的行銷重點，安排商展活動的各項行程，接著舉辦商展活動就是執行（Do）的階段，舉辦商展能夠吸引潛在客戶並蒐集客戶需求，在商展結束之後就必須分析這些資訊，以檢討商展的成效並歸納最有可能的業務機會，這就是檢驗（Check）階段的重點，最後便是正式的業務行動（Act）階段，這個階段是以爭取客戶訂單爲重點，業務人員回饋業務資訊供日後商展活動與客戶識別分析運用。」

「相對於客戶關係管理的是供應鏈管理，我以這張簡圖來說明兩者在企業電子化中的相對關係。」（圖5-22）

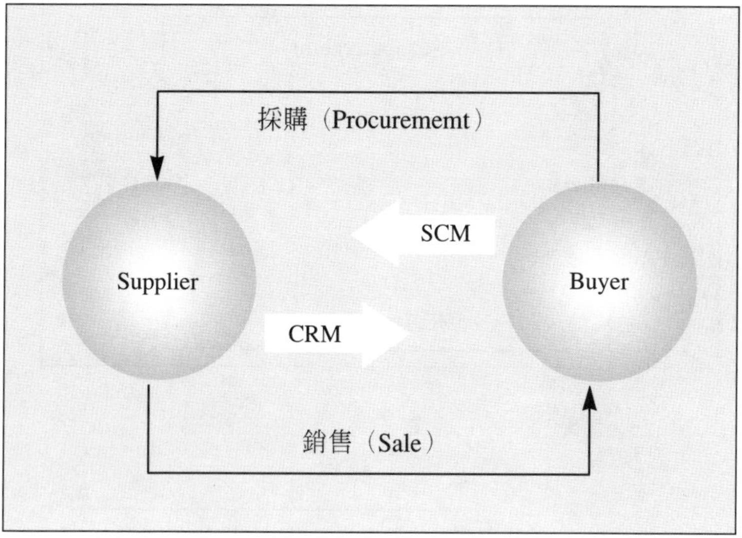

圖5-22　CRM、SCM相對關係圖

「客戶關係管理CRM與供應鏈管理SCM恰好是處在買方與賣方之間的相對位置；供應鏈管理SCM的重點在於如何使企業供應鏈的作業流程最佳化，並且藉著減少產品開發成本、原物料成本、存貨成本，以及縮短產品量產所需的時間，提昇原物料供應的穩定性……等等。企業對於供應鏈管理的需求範圍可以從產品設計、開發、原物料採購、議價、需求規劃、生產管理、製程、倉管、運輸、產品通路、產品與服務品質……等；如果，我們由B2B模式中比較SCM與CRM，企業對於SCM專案的需求會比CRM更多、內容也更複雜。除了SCM之外，在圖上還有採購

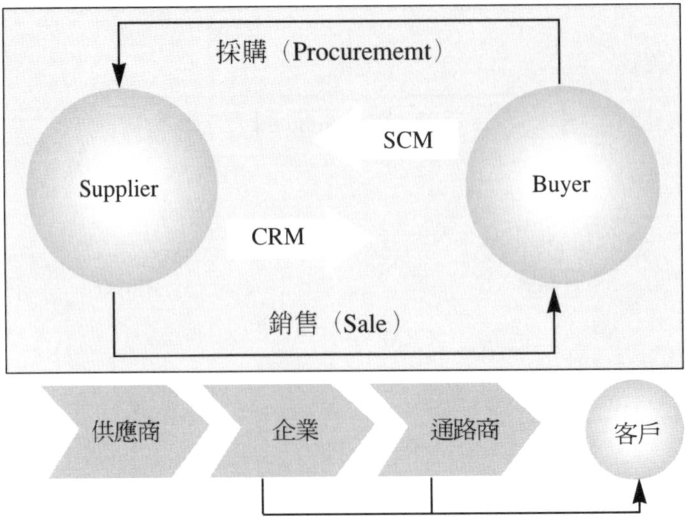

圖5-23　從價值鏈的角度來看供需之間的關係

與銷售，兩個部分則分別對應到SCM與CRM所涵蓋的範圍內。」

「接下來這張圖是運用企業價值鏈分析，將企業價值鏈展開爲三個主要的階段：上游、中游、下游，整個流程是由供應商、企業、通路商，最後再將產品與服務送交客戶；在圖中，通路商代表的是批發商與零售業者……等的通路。產品與服務可由通路商流向客戶，也可由企業直接提供，所以，在圖上可以看到箭號指標分別由通路商或企業指向客戶。」（圖5-23）

「將企業的價值鏈展開之後，我們可以看出：企業除了提供商品給客戶之外，也同時是上游供應商的客戶；所以，在接

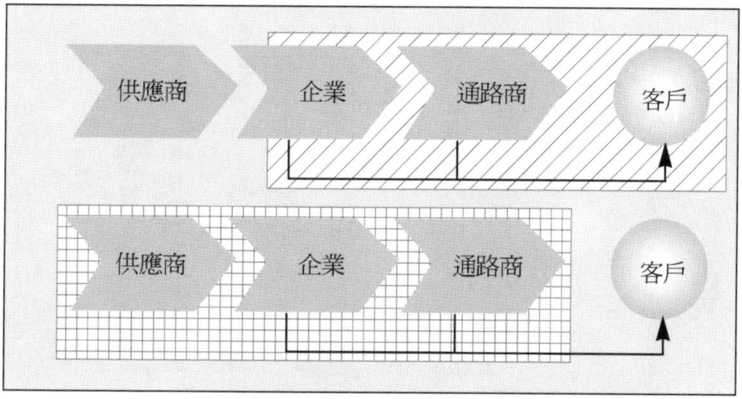

圖5-24　從價值鏈的角度來看CRM與SCM所涵蓋的範圍

下來的第一張圖上各位可以看到以客戶爲導向，CRM所涵蓋的範圍以斜線來表示；如果以產品或服務的生產或製造的價值鏈爲導向，在第二張圖上標示爲網格線的部分即是SCM所涵蓋的範圍。」（圖5-24）

企業電子化的架構

「到目前爲止，我們已談到電子商務與企業電子化的區別，也介紹了企業電子化應用的四個主要層面，另外，也由企業的財務系統架構、供應鏈的角度來分析CRM、ERP、SCM的應用範圍與如何應用eAI整合企業價值鏈。」

「雖然企業電子化的內容琳琅滿目，但各位僅需記住：『競爭力才是影響企業獲利的眞正關鏈』，因此，突顯並強化企業的核心競爭力才是企業電子化的主要目標，其最終的目的則是要獲利。」

「在這個部分，我們要由宏觀的角度切入，從供應商、企業、客戶這三者間的關係來分析企業電子化的基本架構」，Justin切換投影片，「我們先探討供應商、企業、客戶這三者之間的關係：企業與供應商之間存在著採購與銷售的關係，企業向供應商採購所需要的生產要素，而供應商則向企業銷售各項生產要素或服務；企業與其客戶之間的也存在者相同類似的關係，客戶向企業採購符合其需求或偏好的各樣產品與服務，企業則向客戶銷售這些產品與服務。」

「從供應商、企業、客戶的這層關係，可以再擴展爲供應商、協力廠、企業、通路商、客戶這整個供需關係的價值鏈，請各位參考企業電子化基本架構圖上的『關係圖例』。」

（圖5-25）

「由協作（collaboration）的角度來分析，供應商、協力廠、企業、通路商、客戶這整個供需關係的價值鏈，可以分別對應到各樣不同範圍的協作，例如：供應商協作、產品協作、通路協作、需求協作……等。供需關係的價值鏈中不同部分適用的財務模式也有不

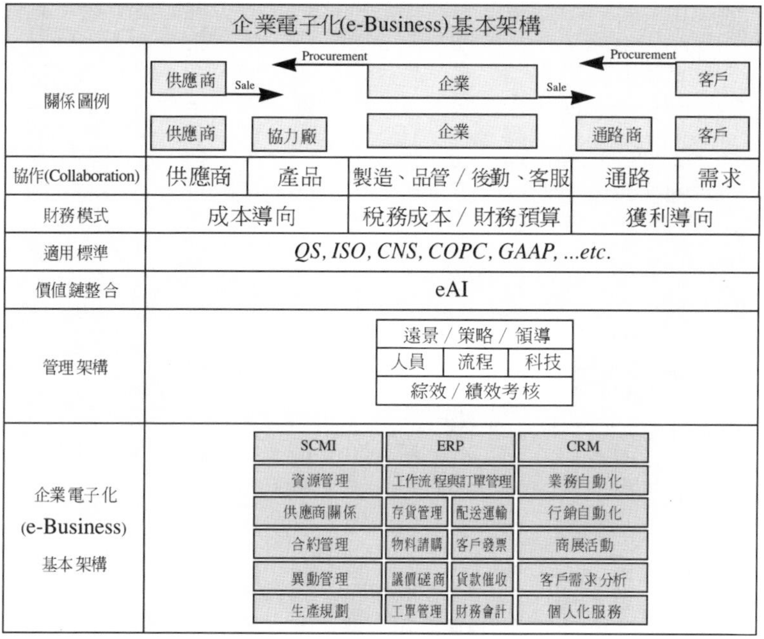

圖5-25　企業電子化基本架構

同，例如，企業與協力廠、供應商之間的主要以成本導向爲財務考量，企業與通路商、客戶之間則會採用獲利導向的財務模式。基於品質的一致性要求，供需關係價值鏈的各個部分也必須遵循各項標準；所以，剛才Mark介紹的ISO國際品質標準就屬於這個部分。」

「另外一個重要觀念是：企業電子化並不單純是科技的議題，其實是管理議題，所以，我們要以管理架構來應用電子化科技，並且研究這些電子化科技能夠產生哪些管理上或財務上的效益。在企業電子化基本架構中，企業的遠景、策略與領導位在最上層，中間的部分是由人員、流程、科技三者所共同組成，這兩個部分同屬於企業最重要的智慧資產。企業的智慧資產可以概略分爲兩大類：一、顯性資產；二、隱性資產，各位可以回顧Tony剛才介紹過的知識光譜與知識管理架構圖，再對照企業電子化的管理架構，應該可以發現：企業電子化的主要目標就是突顯並強化企業的核心競爭力。」

「『管理』的精神是建立在各項措施的『有效性』；同樣的道理，企業電子化也必須建立在『有效性』上，所以，不論是企業的遠景、策略與領導，或是人員、流程、科技，都必須建立在綜效與績效的考核上。績效衡量的層面很廣，可由財務、品質的角度來衡量或是衡量核心作業的效能；長久以來，企業績效的衡量缺乏共通的比較方式，在大多數情況下，管理者僅能評估企業的財務績效。由於有助企業長期發展的投資會被認列爲當期費用，因而遭到刪除，所以這種作法將會影響公司未來的發展。爲了克服這個問題，平衡計分卡似乎是比較『平衡』績效評估方式，但由於平衡計分卡中四大構面的指標還無法反映出因果關係，而且也無法成爲企業與企業之間的共通指標，因此，Jennifer所介紹的Six Sigma就可以在這部分發揮重要效益。」

「Six Sigma主要的目的是使企業能得到最大的品質效益，爲什麼我們要如此強調『品質效益』呢，因爲，超品質管理的主軸是客戶導向爲起點，以提昇企業獲利能力爲目標，從而進行各項流程最佳化與品質改善措施，採用這種角度來建立的績效考核制度，對企業才是最有幫助的。因爲Six Sigma不但可以解決眞正的問題，還能夠驗證該項改善措施的有效性；另外，衡量Six Sigma績效的DPMO數值確實能夠成爲企業與企業之間共通的比較基準。」

「在最底層則是由SCM、ERP、CRM三者所共同組成的企業電子化基本架構，重要的觀念是不論由供應鏈管理、企業資源管理、客戶關係管理，都應該加以整合，我所指出的『整合』並不單指系統與系統之間的訊息交換，這裡所強調的『整合』是價值鏈的整合，企業善用eAI科技可以提早達成這項整合。」

「整合企業價値鏈的目的爲何？」

「由於，競爭力是影響企業獲利的眞正關鍵，整合價値鏈才容易提昇企業的競爭力。所以，企業電子化的核心目標，說穿了其實就是讓企業更容易賺錢！」

企業電子化與ISO、KM、Six Sigma的關係

「有關核心競爭力的部分，請各位參考Edward Juo所提出的價值螺旋與價值框分析，或著找Adam教授討論」，Justin向Adam教授投以善意的微笑。

「在經濟環境快速邁向國際化的同時，遵循適切的國際標準就是企業競爭架構內最基本的要求。ISO國際品質標準4.1與4.2條款規範企業的策略管理活動，也就是企業電子化管理架構中的『遠景、策略與領導』，4.3條款規範企業品質文件的管理，ISO 4.18條款則規範企業的人事管理，採購管理可參照ISO的4.6與4.7條款。若是企業的輸入、處理、輸出（I-P-O）能夠遵循ISO國際品質標準的規範，其產品或服務的品質便能夠達到符合國際要求的最低水準；爲什麼是最低水準（低標）呢？因爲ISO國際品質標準的精神是提供品質體系的通則，協助企業建立基本的品質管理體系，以促進國際貿易的健全發展，企業必須在ISO所建構的品質基礎上持續加強其產品與服務的品質；簡單來說，我們可以將ISO國際標準比喻爲國際貿易的門檻，企業能夠符合這個基本要求之後，才有資格輸出貨物或服務到其他國家或地區，所以ISO國際品質標準並不能算是企業品質的『高標』，僅能算是一種『低

標』。因此，企業取得ISO認證僅代表其產品或服務的品質符合國際基本要求的最低水準，僅算是符合國際要求的最低品質規範，消費者應釐清這個觀念，才不容易受到誤導。」

「從Jennifer介紹品質管理制度與演進的過程，可以發現企業爲了生存與競爭，品質管理制度是持續在演進，引導企業朝向高標發展。但要如何使企業的產品與服務達到品質的高標，進而達成客戶滿意與企業獲利的目標呢?Six Sigma似乎是較佳的解決方案。Six Sigma超品質管理除了提供實用的品管措施協助企業逐步向『高標』邁進之外，還強調要以'Learning by Doing'的方式，將Six Sigma的品質概念落實在員工的例行工作上，使企業能得到最佳化的品質效益。」

「企業組織是個有機體，是由人員、流程、科技所共同組成，人員會異動、流程會重組，科技更是不斷地革新。在這種動態的過程中，會創造出許多有價值的企業智慧資產；既然這種智慧是有價值的資產，就需要加以管理。」

「運用知識光譜分析，智慧資產可以概略分爲兩大類：顯性資產、隱性資產。顯性資產的管理措施已廣爲企業所運用，但隱性資產就必須採用Tony所介紹的知識管理。知識主要是靠專家與專家之間互相激盪才產生，而且知識唯有透過『內化』也就是'learning by doing'，才能對企業產生效益。因此，我們若將超品質管理與知識管理相互結合，以Six Sigma的成果做爲知識管理的內容，並透過專家社群的討論過程來發掘新問題，做爲Six Sigma超品質管理的議題，兩者結合成爲完整的循環。這種超品質管理與知識管理相結合的架構，便能協助企業提早向『高標』邁進。」

「這裡所謂的『高標』是指什麼呢？」Justin問大家。

Tony回答：「企業獨特的核心競爭力！」，Justin點點頭，接著說：「當我們簡化Edward Juo提出的企業電子化基本架構圖，改用I-P-O模式來分析，就可以得到以下這張關係圖，在圖上顯示知識管理、超品質管理與ISO國際標準如何相互配合，並運用企業電子化來建構企業獨特的核心競爭力，達到企業獲利的眞正目標。」（圖5-26）

企業電子化的步驟

「根據企業電子化基本架構圖，使我們能以宏觀的角度來探討企業電子化所涵括的關係、協作、財務模式、遵循標準、整合方式、管理架構、電子化基本架構。」

「這個架構圖可以形成大家對企業電子化最基本的認識，但企業要如何推動其電子化

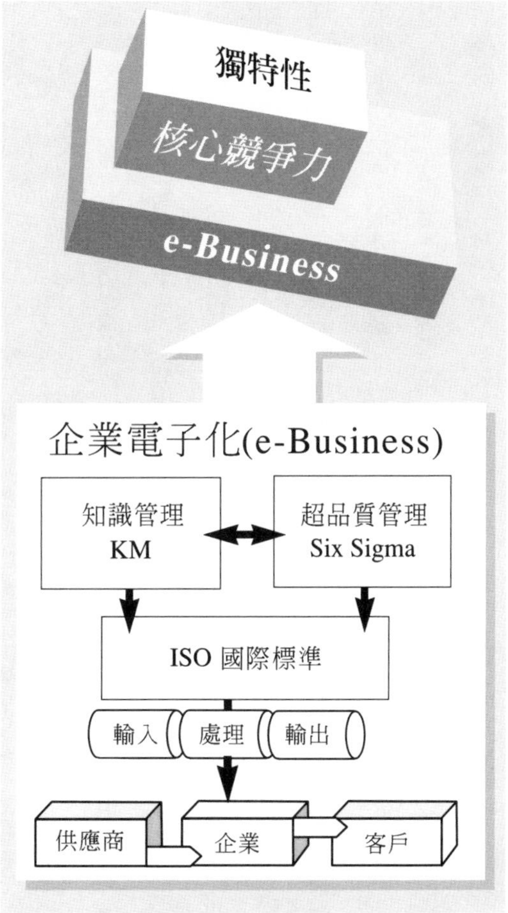

圖5-26 知識管理、超品質管理、ISO國際標準與企業電子化的關係圖

呢？」Justin喝一口水，停頓了一下，接著說：「大多數企業的電子化都會以專案的形式來推動，資訊部門往往被認定爲企業電子化的專責單位。」

「由資訊部門來主導企業電子化，其實是種錯誤的作法！」

「如果不是由資訊部門來主導，還有哪個單位有能力來推動企業的電子化呢？」Justin

切換到下一張圖。

「爲了回答這個問題，Edward Juo針對企業電子化的步驟提出一套程序，可供企業實務應用參考。這套程序是由方向界定、分析設計、研究／測試／開發、教育訓練、上線推廣等五大步驟所組成。各項步驟的細項內容已列示在圖上，相對這五大步驟，在圖上接著說明企業電子化的管理架構如何與這五大步驟結合。」（圖5-27）

「依照管理架構所提出的人力、流程、科技等三項來進行分類，各個步驟需要的管理措施與技能在圖上標示相對應的符號，表示這五大步驟與管理架構相結合的過程。」

「從圖上的對照表，可以看出資訊部門在企業電子化的整個過程中能夠著墨的部分其實是相當有限的。與其讓資訊部門過度負荷，因而造成專案品質與管理時效上的風險，還不如提昇資訊部門的價值，所以，Edward認爲資訊部門在企業電子化中應扮演的角色應由資訊服務的提供者，逐步轉型爲加值資訊的審查者；這是由於系統委外服務日漸成熟，委外廠商能夠提供的服務已漸漸能滿足企業的各項需求，管理者應致力於可促使企業獲利的事項，對於系統研發或訂製等工作項目可以委外處理，讓資訊部門逐步成爲企業內部資訊加值技術的審查者，有效應用委外處理的優點，強化並提昇企業因應市場競爭的能力。」

企業電子化（e-Business）步驟					
電子化步驟	方向界定	分析設計	研究／測試／開發	教育訓練	上線推廣
細項內容	(1)檢視核心作業 (2)分析主要價值 (3)檢視(SLA. KPI) (4)界定專業範圍 (5)排定優先次序 (6)管理專案風險 (7)規劃 Work Plan (8)規劃訓練計畫 (9)規劃結案程序	(1)管理專案時程 (2)建立專案團隊 (3)檢視現行作業 (4)分析主要問題 (5)換算 DPMO 值 (6)評估 Sigma 水準 (7)設計系統架構 (8)規劃模組功能 (9)選擇供應商 (10)管理版本更新	(1)進行必要的研究與測試 (2)妥善管理需求的變更 (3)強化供應商管理 (4)有效控制系統版本 (5)切實執行測試計畫 (6)驗證系統穩定與整合性	(1)系統環境建置 (2)執行訓練計畫 (3)轉換舊有資料 (4)系統整合測試 (5)系統效能測試 (6)適應與學習 (7)新舊系統轉換	(1)使用者教育 (2)技術支援 (3)供應商服務 (4)執行成果檢討

管理架構

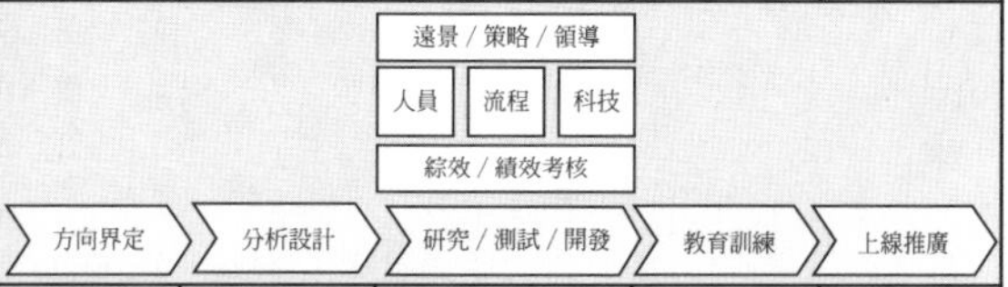

	方向界定	分析設計	研究／測試／開發	教育訓練	上線推廣
遠景／策略	◆				
財務資產					
預算管理	◆	◆	◆		
成本管理	◆		◆	◆	◆
採購管理		◆		◆	
智慧資產—人力資本（Human）					
專業培訓		◆	◆	◆	◆
職能管理	◆	◆		◆	
智慧資產—組織資本（Process）					
流程改造	◆	◆		◆	◆
變革管理	◆	◆		◆	◆
組織溝通	◆	◆	◆	◆	◆
文件管理	◆	◆	◆	◆	◆
知識管理	◆	◆	◆	◆	◆
設施管理				◆	◆
合約管理		◆	◆	◆	◆
智慧資產—科技資本（Technology）					
系統整合		◆	◆	◆	◆
委外管理		◆	◆	◆	◆
綜效／績效考核					
服務水準		◆	◆		◆
關鍵效能	◆	◆			◆
Sigma水準	◆	◆	◆	◆	◆
ROI估計值	◆				◆
平衡計分	◆				◆

圖5-27　企業電子化的步驟

「至於企業電子化的專責單位，Edward建議企業宜成立專責的變革小組來負責相關事宜，變革小組應著眼於強化企業的核心競爭力，參照這五個步驟逐步推動企業的電子化。」

「由Edward所提出的這五個步驟其實就是一般專案管理的通則，其細項內容已經列示在圖上；大家可以回憶今天所介紹的ISO國際品質標準、企業知識管理架構、超品質管理等觀念，配合企業核心競爭力的探討，再對照這五個步驟，相信大家能夠更深切認識企業電子化與核心競爭力的關係，至於圖上其他的部分就請各位自行參考運用。」Justin教授向Stephen示意。

Stephen起身感謝Justin教授精采的介紹，全場響起不斷地鼓掌聲；Nancy則安排大家留影，隨著熱鬧的場面逐步加溫，這次的同學會也接近尾聲。雖然這次同學會已即將結束，但卻是下次的同學會的開始，大概這種過程就是生命中最值得回味的部分吧！

第二單元　實務思考案例

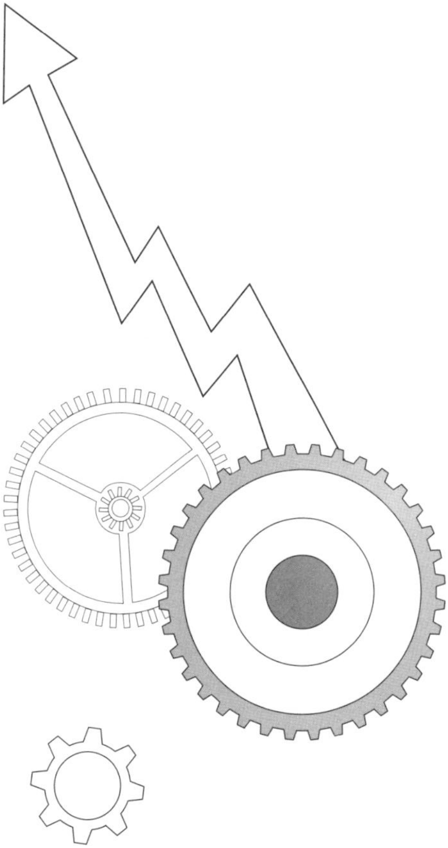

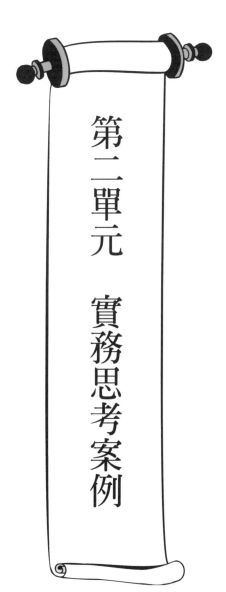

本單元提供的實務思考案例為協助讀者從不同層面思考企業面臨的現況與挑戰。對於在課堂中使用本書為參考教材的教師與學員，可依照以下方式進行個案研究：

- 閱讀分析：細讀個案內容，找出主要的問題，分析影響決策的要素以及可能的影響，並以條列方式記錄下來。
- 研擬解決方案：採時間為基礎，分析現在的問題、未來的目標，條列出預定的成果，並排定問題的急迫性，藉以提出可能的解決方案，解決方案應附加說明理由或參考資料，以做為決策時的參考依據。
- 分組討論：在課堂中宜採用分組討論的方式進行，各組人數約為五～八名學員，先在小組內充分討論，過程以輪流方式由一名組員以簡報方式向其他組員介紹並解釋其考量重點與建議方案，其他組員則可適時提出問題。分組討論之目的在訓練學員的簡報技巧、時間控制、臨場反應能力、思考邏輯；各組在討論過程中要凝聚共識，整合不同的想法與意見，匯整成為該組所提出的建議方案，由小組成員輪流上台向全體學員進行簡報，其餘各小組可適時提出問題，以角色扮演的方式進行問題質詢與討論。教師在分組討論過程中可記錄學員在作簡報時的各項優點與應改進的部分，在全部討論結束後，利用十五～三十分鐘以描述整體優點、缺點的方式與學員討論並提出適當的建議（避免當眾指出個別學員的缺點）。

・報告撰寫：分組討論後，各組應擬定個案討論報告，其內容應列明個案的主要問題、影響要素、建議方案與參考資料……等足以輔助管理決策的各項內容。撰寫報告的內容宜簡單扼要，無須長篇大論。

教師可指定學員採用相同的簡報範本，並可將討論結果存放網際網路，以利進行遠距教學與討論，或可於網際網路開設個案的討論區……等方式完成各小組的研究報告。

本單元為企業在推動ISO國際品質標準、超品質管理、知識管理、企業電子化……等管理措施所曾發生的實務案例，個案內容皆已作適度修改，以保障個案企業的權益。讀者可參考第一單元所介紹的基本觀念，試著以管理層面思考企業面臨的實際問題。讀者若能參考第一單元的基本概念，將可對實務運用有所助益。

第六章　參考案例

思考案例（一）　是時間不夠，還是沒有工作效率？

案例說明：

鉅康電訊是A國主要的電信公司之一，提供無線通信、網際網路加值服務，成立六年以來已成爲A國前四名的電信業者。該公司的網路管理部門負責基地台的設置與維護，資訊管理部門（MIS）則是負責帳務與客戶服務等核心系統的開發，並提供公司內部各項資訊相關服務。

基於市場競爭與鉅額資本投資的壓力，鉅康電訊爲了加速建構整體電信網路與加值服務，大量引進國外的系統，在創建初期，這項措施確實發揮效果，該公司達到如期開台運作的目標。但隨著市場需求的變化，該公司不斷地修改其原有系統的架構，數年之後，整體系統的架構已變成十分複雜且不易維護。

林處長是該公司MIS部門的主管，最近在主管會議中，其他部門不斷抱怨資訊管理部門的服務效率與品質，而且情況越來越嚴重。總經理對此現象十分重視，要求林處長及早改善該部門的現況。

該公司的MIS部門職員共計一百八十人，共分爲六個小組。MIS部門除了進行電信資費系統的進行例性維護，還必須解決隨機發生的緊急事件，這種緊急事件往往會涉及到資費的問題，不容易在短時間內得到解決。

電信產業的競爭十分激烈，客戶流動率高，該公司的行銷企劃單位必須透過通話紀錄來研究消費者的需求，當行銷企劃單位提出新的資費方案或新的服務，MIS部門就必須能在要求的時限內，完成系統的開發或調整。因此，MIS部門必須經常性地維持百分之六十以上的人力，來支援這項工作。

雖然，MIS部門有關版本控制與問題反映單管理系統已全部上線，但其他部門的同仁（簡稱：需求單位）一旦碰到問題，還是習慣與MIS部門的程式人員直接電話連絡，因爲他們相信這樣才能馬上解決自己的問題；需求單位有時根本不填寫問題反映單，直接將問題

E-mail給某個程式人員，並且要求程式人員要立即處理。關於需求規格的修改，需求單位經常是口頭知會程式人員，這些改變並不會記錄在問題反映單管理系統的資料上，這種的情形造成系統規格書所記載的與實際程式規格有很大的出入，增加系統維護人員的困擾。

MIS部門的六個工作小組，在功能與職責的劃分上並不十分明確，對於需求單位所提出的修改或新增需求，在部門內經常會發生互踢皮球的情況，結果造成需求單位極大的反彈。

MIS部門所使用的問題反映單管理系統，目前僅提供基本的查詢，所以必須依靠人工方式，針對問題描述部分進一步加以分類。問題反映單的數量每星期平均都有幾十份，這個數字僅代表需求單位有登錄的部分，未登錄的部分尚無法統計。

MIS部門的程式人員加班的頻率很高，而且目前還有幾個大型的專案在進行中。鉅康電訊強調人性化的工作環境，所以人員不需填寫工作報告（time report），人員加班僅需填寫加班申請單，經主管簽字即可認列。所以，沒有什麼紀錄能顯示專案所耗費的工時數，以及人員的工作細項。

由於工作壓力大，MIS部門的人員流動率很高，新進同仁又必須經過半年以上的培訓期才能產生實際的貢獻。由於系統與系統之間呈網狀式的整合，一旦修改某個部分就必須連帶修改所有連結的系統，若是因爲人爲疏失，忘了修改某個子系統，測試人員便需要花費更多時間才能完成測試，嚴重影響系統更新的時效性。

林處長急於改善目前MIS部門所面臨的種種問題，所以，邀請顧問公司的張經理來討論，如果您是這位張經理，請問您該如何解決這些問題。

問題：

- 程式人員加班已十分頻繁，但是需求單位對於MIS部門的工作品質仍不滿意，請問該如何解決這個問題？
- 目前的系統架構已十分複雜且不易維護，如果要利用汰換的方式來簡化系統架構，公司的預算暫時無法編列，是否有其他方法能簡化這種網狀式的整合架構？
- 需求單位直接與程式人員接洽的問題長久以來就是如此，這樣造成MIS部門預定的工作時程經常受到影響，能否提出一套作法來改善這項問題？
- 程式人員流失率很高，對於目前帳務與客服系統的知識又需要半年以上的時間才能掌握，系統規格書與實際的程式之間並不一致，造成系統維護工作極大的負荷，針對如何提高系統維護工作的品質與效率，請提出建議方案。

・對於專案管理品質與效率的改善，請提出建議方案。

思考案例（二） 如何落實員工的工作移交？

案例說明：

張博士是國富生化科技公司的研究中心主任，在W國目前生物科技大部分仍是仰賴先進國家的技術輸出，國富生化科技公司是該國內唯一有能力進行生化科技研究的機構。該公司不但引進先進國家的生物科技，也輸出該公司的專利技術到其他國家。

張博士負責的研究中心現有研究人員八十二人（博士共計三十二人），由於產業需求殷切，雖然該公司提供最好的福利條件、薪資與研究環境，但研究人員的流動率還是略為偏高。由於這些研究人員所掌握的技術都是十分尖端的生物科技，一旦人員流失，其所從事的研究也將不易持續，該項研究的投資必然付諸流水。

總經理時常為此事與張博士研商，希望能找出解決之道，減少人員流失所造成的問題，儘可能保住研究的成果，以及專利財產權。

張博士瞭解生物科技的特性，知道單靠文件的方式是無法保留眞正的技術，而且每個研究人員的專業領域又都如此尖端，生物科技實在也無法採用讀書會的方式達到傳承的目標，因爲這些技術實在十分隱性，而且有些還涉及到極機密的國家安全標準，要保留這些智慧資產的確不容易。相對於這些隱性資產的價值，有形的資產例如：研究設施、實驗室……等等就顯得微不足道了。

在某次知識管理的研究會中，張博士取得一份知識管理架構圖，透過這個架構她明白了：只要知識庫所保留的知識能夠幫助繼任者產生有效的具體行動，再衡量繼任者與先導者的行動成效，就可以作爲校正、保留尖端技術的管理措施。除此之外，她也發現專業技術是很難擷取的，因此僅能運用黃頁來記錄哪些人是某方面的專家，一旦碰到問題，便可以很快地利用黃頁來找到他們。

由於，總經理的目標是保護研究成果，讓研究專案能夠延續，並不是擷取研究人員的所有知識，所以，張博士決定成立由各領域專家所組成的專家社群，並且導入相關的系統支援研究人員之間的協作，她希望能透過「分享、驗證、歸納、組織、應用」這五個步驟，讓該公司的知識管理措施能發揮效果。

問題：

‧如果您是該公司的MIS部門主管，請簡述張博士所推動的知識管理措施，需要哪些資訊科技相配合？

‧從資訊安全的角度，請分組探討協作環境下資訊安全應注意的事項？

‧根據新修正的著作權法，試探討知識管理是否能達到對於著作權、專利權的保護？應該注意哪些要項？

思考案例（三）　品管經常出問題，怎麼辦？

案例說明：

明月光學是一家中型的光學儀器製造業者，在Q國亦具有相當的知名，隨著環境的變化，客戶對於光學儀器的精密度更加提高，款式也更加多樣化。

新上任的趙科長是任職於該公司的生產管理部，趙科長的主要任務是負責國外客戶訂單的生產與一部分的售後技術服務。最近，趙先生時常接到客戶的抱怨，抱怨該公司產品的瑕疵太多，並且要求按照合約賠償其損失。

總經理對此事十分重視，要求趙科長限期改善生產線的產品品質。

生產管理部所屬有三個單位，生產計畫科、生產管理科、產品研發科，趙科長所屬的單位有兩位科長，徐科長負責國內線的生產，趙科長則負責國外線的生產。前任王科長也是因爲無法改善產品品質的問題而被迫下台。

生產管理部目前有五條生產線，有三條生產線屬於國內線，有二條屬於國外線，在早年，由於率先引進新式的生產設備，明月光學生產的產品品質十分卓越，因此，多年來已建立了穩固的客源，但隨著市場的變遷以及新技術的不斷革新，該公司的生產設備已接近使用年限，雖然董事已編列設備更新的預算，但卻是以國內線為主，國外線的設備必須等到國內線的新設備已確定無誤後才會開始汰換。

針對國外線的產品品質不良，總經理認爲設備不是主要的問題，品管人員不夠用心才是眞正的問題。面對這種壓力，趙科長必須極積地解決這項問題。

明月光學已通過ISO認證，雖然符合ISO的認證，但仍有不少員工對ISO的品質要求不甚理解，這個現象在國外線更爲普遍。由於目前的設備略顯老舊，新進的員工對於設備的使用必須經常性地求助於資深的員工（老師父），這些資深的員工對於新設備的引進在心理上也有排斥感，認爲一旦啓用新的生產線，他們的飯碗就不保了。

本地的員工會拒絕接受較具危險的工作，這種現象迫使管理階層大量引進外藉勞工，來補充本地勞動力的不足，引進外勞之後，教育訓練更加困難，外籍勞工能夠勝任體力上的工作，但技術性的工作就顯得十分困難。

由於客戶訂單的規格更爲多樣化，而且數量逐漸地減小，現行的生產計畫較以往更爲複雜。趙科長認爲，如果要善用目前的設備，這些資深員工所掌握的技術與經驗是提昇產品品質的關鍵，除此之外，必須再次加強ISO的品質觀念，即使是短期的外勞，也必須納入品質管理體系的教育訓練。

趙科長將這個想法與該公司的ISO輔導顧問陳先生討論，如果您是這位陳先生，請問該如何解決這些問題。

問題：

- 生產設備的汰換能夠提高品質與產能，但目前許多資深員工對新技術的引進存有心理上的排斥，請問趙科長該如何解決這個問題？
- 品質不僅是品管人員的責任，如果您是陳先生，請問該採用何種方式來導正總經理的想法？
- 您是否支持趙科長對於短期勞工的品質教育想法？爲什麼？
- 趙科長將這個想法向生產管理部的吳經理報告，如果您是這位吳經理，請問您認爲趙科長的建議方式是否可行？爲什麼？

思考案例（四） 如何處理客戶的抱怨？

案例說明：

首都銀行是B國第三大的商業銀行，郭小姐是該銀行客戶服務中心的客戶服務代表。該銀行的十分強調客戶服務的品質，認爲客戶服務是該銀行的核心競爭力。

某日，客戶來電查詢放款相關細節，由於首銀（首都銀行）已建置完善的CTI/IVR系統，所以客戶可以直接在電話上選取所需要的服務，如果客戶需要客戶服務人員的協助，在電話轉接給客服人員之前，電腦系統會主動調出來電客戶的姓名、性別與重要交易紀錄，因此郭小姐能夠在電話接通時，以客戶的姓名向其問好。

另一客戶於深夜時來電，直接轉接客戶服務人員，對於帳戶餘額與國外匯款的作業時效抱怨連連，並要求銀行立即處理他的問題。由於首銀的客戶服務中心已建立常見問題與解答（Q&A）與客戶服務應答準則，郭小姐依照當時的情況，除了協助客戶瞭解國外匯款的基本程序之外，還按照客戶服務應答準則的客戶反應類別，回應客戶情緒性的反應。最後，客戶的態度逐漸緩和，他終於明白匯款作業的流程，郭小姐成功地幫首銀保住一位客戶。

華城銀行（簡稱：華銀）是B國的商業銀行，陳小姐是該銀行客戶服務中心的客戶服務代表。華銀強調只要利率夠誘人，客戶自然會主動送上門。

某日，客戶來電查詢外匯利率，由於華銀並未設置良好的IVR系統，所以電話便直接轉給陳小姐，當客戶詢問各項詢問時，陳小姐必須由外匯利率對照表中逐項回覆給客戶，這份對照表是每天早上陳小姐自己預備的，因爲根據她的經驗，經常有客戶會來電詢問這些問題。

另一位客戶來電，不但抱怨帳款金額錯誤，還抱怨爲什麼讓他等這麼久，陳小姐缺乏這位客戶的基本資料，所以只好先問清楚客戶碰到的問題，以及客戶的基本資料，再連絡相關業務的行員，請他協助查詢與解決。

郭小姐平均一天能夠協助近百位客戶解決問題，但是陳小姐，則平均一天僅能協助十多位客戶。

首銀客戶服務中心除了提供客戶高效率與高品質的服務之外，透過客戶服務紀錄的問題分類與分析，還能夠協助首銀對其客戶需求的瞭解，並能夠藉以改進首銀作業流程。該客戶服務中心的營運績效與人員考績，是依據客戶來電處理的情況加以評核，由客服中心的監控系統定期出具各式管理報表，例如，客戶來電數（number of calls）、來電回應比例（% of calls answered）、來電未回應比例、平均處理時間、平均等候時間……等。另外，監控系統也能夠協助人力調配，並且對於傳眞、電子郵件、網際網路……等通訊方式也能由該客服中心提供相對應的服務。

首銀客戶服務中心，還能協助其他市場調查公司進行電話訪問、消費者意見調查……等，所產生的額外收益，使首銀重新定位其客服中心所扮演的角色。

問題：

- 試比較首銀與華銀的客戶服務理念。
- 如果您是首銀的客戶服務中心主管，請問該客服中心的財務模式是成本導向還是獲利導向？爲什麼？
- 銀行業經營成功的客戶服務中心，其關鍵成功因素爲何？

思考案例（五）　如何強化對客戶的服務？

案例說明：

永樂公司與全福公司都是大立公司的主要客戶，兩家公司平均每年所下的訂單總額十分相近。

高經理是大立公司的新任的財務長，最近參加過多次客戶關係管理的研討會，他認爲每位客戶的維護成本都有不同，公司應當界定這些差異，並計算客戶對公司實際收益的貢獻度，藉以區分出不同層級的客戶群。

根據交易紀錄，永樂公司與全福公司全年度訂單總額相近，永樂公司一般是等到大立公司提供優惠促銷方案或折扣時才會下訂單，全福公司則不同，該公司比較不會壓低大立公司的價格，全福公司重視產品的品質與大立公司的售後服務，而且全福公司不斷地在推動其供應鏈的整合，這項整合的措施讓大立公司在生產排程以及原物料採購作業都得到正面的幫助，因爲全福公司的SCM系統會將供貨的需求事前告知大立公司，大立公司便得以提早排定生產計畫，按計畫量生產，減少存貨與庫存品的資金壓力。

因應全福公司的品質要求，大立公司開始著手導入品質管理體系，目前已取得國際品質標準的認證，由於取得這項認證，大立公司的產品能夠開始外銷其他國家，現在該公司的業務範圍逐步邁向國際化。對於員工而言，大立公司按照品質計畫的時程，定期培訓員工品質的相關知識，雖然品質文件量較以往增加許多，但由於MIS部門已增購電腦在作業生產區域內並建置品質文件簽核管理系統，讓品質文件能夠電子化以確保作業時效。

永樂公司下單大多是臨時性的，要求大立公司以最速件處理，而且開立的票期也比較長；全福公司則多數按照業界的習慣付款，偶爾也會配合大立公司的需求縮短票期。

高經理瞭解「客戶關係管理」是藉著界定、吸引、保持與主要客戶群體的關係，以使企業的盈收能穩定成長。所以他建議總經理：要以客戶實質貢獻度為基礎，透過財務、會計措施來界定主要客戶群體，並將主要客戶群再進一步細分為忠誠型客戶、需求型客戶……等等各種型態，針對不同型態的客戶公司要採用不同的客戶服務方式，因此，對於忠誠型的客戶公司應提供更優質的服務，以保持更好的互動關係，對於需求型的客戶則調整服務方式，以適度降低客戶維繫成本。

問題：

- 高經理提議以財務、會計方法來衡量客戶貢獻度，在實務上是否可行？爲什麼？
- 除了以客戶貢獻度爲界定客群的基礎外，是否還有其他區隔客群的標準？
- 客戶服務品質的提昇並不是單向式的活動，當客戶推動SCM便能同時提高供應商的服務品質，使該項品質活動成爲雙向式。請根據案例說明，試討論SCM如何提高供應商的服務水準。
- 品質標準的建立大多數是配合客戶以及市場的要求，根據案例的說明，試討論導入國際品質管理體系的優缺點？

思考案例（六）　專業的知識管理技能，如何養成？

案例說明：

明揚航空爲一國際航空公司，在K國經營國內陸航線與國際航線，雖然航空客運業以安全、服務爲主要的營運要件，但事實上價格競爭早已成市場競爭的主要項目。該航空公司爲配合業務的拓展，已轉投資到相關產業，例如，飛航維修中心、航站地勤公司、空服人員訓練公司、觀光飯店、旅行社……等等。

明揚航空所屬的飛航維修中心位在K國主要機場附近，其業務是提供飛航機具與設備的保養、檢修、修改與調整。飛航維修中心必須遵照飛安維修準則的要求，進行各式飛航機具的保養、檢修，其機械專業人員必須定期派赴國外接受波音公司的專業訓練與其他技能培訓，由於各型飛行機具的零件與保養方式皆有不同，受訓過後的員工還必須經過一年的實際操作，才能正式參與飛航機具的維修，因此，人員的培訓與經驗的養成期間相當長。人員培訓成本很高，所以公司運用契約的方式來規範員工，以降低人員流失的問題。

飛航維修中心前任董事長知道目前飛航中心的技術水準尚無法與其主要競爭者相比，爲了及早提昇維修技術與能力，前任董事長同時推動十二個專案，這些專案的範圍涵蓋從電子儀器檢測、發動機保養、飛行器結構、電機修護、超品質管理……等項目，由於飛航機具的維修原本就不同於一般電子機械設施的維修，其品質的要求十分嚴格，再加上零件的項目十分衆多，飛行器的結構相當複雜，如果技師的經驗不足，極有可能找不到問題點而延誤維修時間，或是錯用零件造成飛行事故。

飛機進棚維修一次的收入就是數百萬元，因此對於飛航維修中心而言，「時間就是金錢」，如果能有效縮短維修時間，將每個月平均維修飛機的次數由八架次提高到九架次，每年就可以增加數千萬的收入。除了縮短維修時間之外，具備較高的技術水準也有助於該飛航維修中心爭取更專業的維修合約，維修的內容越專業，其合約的金額也就越高。

但是，推動過多的專案造成員工極大的壓力，隨著工作量的激增，員工離職率也不斷創下新高，新的人員尚來不及補充，專業的技術人力又不斷流失，這些變動造成明揚航空的機隊頻頻發生安全事故。明揚航空的管理階層對此事大表不滿，這些事件連帶導致原任董事長被迫下台。

新上任的高董事長對於目前飛航維修中心的情況有所瞭解，他認爲縮短維修時間以及提高技術能力都是刻不容緩的事，不過最重要的事還是確保維修的品質，要維持好的品質就要依靠技師們所累積多年的專業技術，因此，如何讓他們能專心做好飛機檢修與技術傳承，便是高董事長上任後主要的管理方向。

培養一名可用的技師要大約兩年的時間，如何能縮短學習曲線並且保留這些技術與經驗，就是新任董事長想達成的第一個目標；目前飛航維修中心的技術部門普遍存在一種情況：「技術越好的人，就越忙碌！」，在維修過程中一旦碰到問題，大多都會直接找公認的「專家」，因此這些專家除了份內的工作之外，每天還有接不完的電話，可是詢問內容的重複性很高。

在機棚維修的現場，由於無法安置太多的電腦設備，而且每天輪三班制，所以往往是三到五個人共用一台電腦。由於電腦是大家所共用，所以現場的技術人員僅能閱讀個人的e-mail並進行簡單的文書處理，機棚內的作業環境與辦公室內的作業方式截然不同。大部分工作的通知都是採用電子郵件，所以每位技術人員每天平均都會收到近百封的電子郵件。基於維修安全的考量，機棚內有許多限制因素，所以棚內的維修人員無法隨時查閱電子郵件，遇有緊急事項大多還是以電話連絡。

按照國際飛航標準，飛行器的維修手冊已十分完整。維修人員需要翻閱厚重的手冊，雖然大家都很認眞地保護這些手冊，但文件缺頁、破損還是在所難免的。公司內部的區域網路由於使用者衆多，連線查詢的速度還是略顯緩慢，基於內部資訊安全的理由，目前機棚內的電腦設備禁止連上網際網路，技術人員無法透過網際網路直接查詢波音公司提供的線上維修資料庫，所以，大多數情況下現場人員還是翻閱維修文件，或打電話請教公認的「專家」。

在這種工作條件下，相同部門中的技術人員之間，可能因爲所輪班次的不同，根本未曾謀面，因此，要想進行技術的傳承更是十分困難。高董事長實際瞭解現況之後，希望能採用適當的措施激勵員工，讓專家們樂於提供專業知識，而且其他技術人員也能極積地吸收專家的寶貴經驗。

有關電腦設備的更新、增添，目前由於預算的限制，短期間內無法改善；雖然資訊室經常提出現任董事長認爲設備夠用就好，也不打算進行設備的更新。

高董事長上任之後，首先研究目前正在推動各專案的實施效益，決定刪減暫時不必要推動的專案；衆多的專案中，唯一得到延續的專案是超品質管理（Six Sigma），因爲這項專案的持續推動將有助提高公司的品質效益，對於維修品質的提昇已有初步成效。

人員培訓成本高、專業經驗亟需保留、技術層次尙待提昇、人員流失率偏高、客戶對維修品質的信心……等這些問題，是目前飛航維修中心幾項重要的問題，高董事長瞭解傳統的管理措施是無法有效管理這些專業技術，於是他邀請王顧問來協助研擬解決問題的對策。

高董事長希望能減低人員流失造成技術斷層的問題，並且提昇整體的技術層次能，爭取到更專業的合約，以創造更佳的營運成效。王顧問經過仔細分析該維修中心的問題後，認爲知識管理可以解決該公司的問題，因此建議董事長採行以下幾個步驟：

- 彰顯高階主管對知識管理的支持，強化員工對知識管理的認同。
- 建立以專家爲核心的專家社群，訂定分享、交流計畫與社群營運計畫，促進員工之間技術經驗的分享。
- 導入知識管理軟體，改善目前技術人員溝通的方式，加強技術資訊查詢與知識搜尋的效率。
- 依照國際通用的分類標準來建立知識的分類架構，定期檢視各分類項目內知識的質與量，做爲該企業分析其目前競爭力的基礎。
- 建立專業分級的制度，突顯專家在公司中的價值，並訂定客觀的衡量標準，將知識管理制度與人事考績、激勵制度相結合；但激勵方式應善用「獎勵」而避免採用「獎金」。
- 結合知識管理與超品質管理的驗證機制，運用專家社群的分享與交流計畫，迅速擴大超品質管理所產生的品質效益。

問題：

・王顧問所建議的步驟中，一開始就強調高階主管的支持。爲什麼高階主管的支持如此重要？

・知識的分類架構是知識庫最重要的部分，試討論：如果該維修中心沒有遵循國際分類標準，可能會產生哪些問題？

・是否應由資訊部門負責企業知識管理的推動？爲什麼？

・關於知識價值的評量，企業應訂定客觀的衡量標準，並且應與人事考核、激勵制度相結合。試討論：採用「獎金」來激勵員工，可能會產生哪些問題？

思考案例（七）　公司現已取得ISO認證，下一步該如何？

案例說明：

聯欣食品公司是其母公司轉投資設立的一家具有中央廚房系統、全自動生產系統的食品公司，現有資本額三億元，員工二百五十人。

近年來，家庭人口結構的改變，小家庭數量增加，外食人口增多等外在環境的改變，食品業的發展已朝向精緻化、健康化、便利化，這些改變促使聯欣食品決定以高品質、精緻化為其市場的產品定位。

四年前取得ISO認證之後，使該公司能夠更順利取得中小學的營養午餐訂單以及幾家大型企業的餐飲合約。雖然，該公司已儘可能維持產品的高品質，但管理階層認為目前對供應商的品管作業仍有改善的地方，例如，肉品、食用油、蔬果、乳製品等都需要再進一步加強。

李小姐是該公司品質管制中心的主任，同時也是位專業的食品營養師，李主任對於食品的加工過程十分重視，她認為有好品質的產品才能保持公司的信譽與口碑，因此，她經常檢查各項食品的加工過程，並抽驗各項產品。只要是能夠改善的地方，李主任都會擬定全面品質改進的企劃案，上呈公司管理階層。公司每年都會撥鉅額的預算，執行李主任所提的各項品質改善措施。

何先生是該公司生產管理部的經理，在參與超品質管理的研討會之後，何經理委請專業顧問分析目前的經營現況，發現例年來，公司花費在檢查供應商原料品質的費用持續過高，而且這幾年原料的貨源一直不太穩定，造成生產成本巨大的波動。根據專業顧問分析的結果顯示：這幾年在品質上投入鉅額的成本，對公司的獲利並未產生顯著的影響，反而是原料的不穩定，造成公司利潤相當大的損失。

何經理認爲李主任推動的全面品質管理，應該逐步改變爲超品質管理，而且公司應當及早整合供應鏈，設法穩定原料的價格與品質，如此便可以適度減少公司花費在檢查原料品質的各項成本。

在主管會議中，何經理提出他的看法，但李主任並不十分認同何協理的想法，她認爲供應鏈整合仍然無法保證產品的高品質，而且原料品質必須要靠精密設備與完整的過程來檢查才能確保，品質才是公司信譽的根本。

問題：

．您是否會支持李主任的看法？爲什麼？

．「整合供應鏈的效益，僅限於產品的價格，無法確保原料的品質」，這個觀念是否正確？爲什麼？

．如果您是該公司的最高階主管，您會支持哪一位的看法？爲什麼？

思考案例（八） 如何推動超品質管理？

案例說明：

友福油品公司是Z國主要的油脂生產企業，發展初期是以生產食用花生油爲主，隨著市場需求的變化，友福公司開始研製及提煉食用沙拉油供應市場需求。由於消費者日漸重視健康與食用油的關係，消費市場對葵花油與橄欖油的需求日增，爲了因應市場新的變化，理論上該公司應著手研製相關的煉油技術，並更新其生產設備，於是營運企劃科的孫科長向所屬部門的錢部長提出相關建議，這個意見得到錢部長的認同後便在主管會議中提出。

該公司的徐財務長認爲消費者偏好的變動是彈性、隨機的，但生產的設備等固定性資產卻不具有這種彈性，爲了迎合消費偏好，前次公司進行生產設備的全面汰換就必須數年才能執行。這些設備才剛啓用沒幾年，如今消費者偏好又再度改變，是否現有的生產設備要緊隨著消費者的偏好而改變呢？

根據徐財務長的估計，家庭用油較容易受到醫學、健康報導的影響，一般而言，如果油品加工的品質合格，其對於健康影響程度實在有限，最主要還是消費者用油的習慣、方式才是影響健康的重要原因。所以，徐財務長建議公司應採購國外已精煉完成的油品，國內則利用現有的設備進行油品加工，雖然這種作法的原料成本較高，但公司僅需調整油品的成本與比例，新種類的油品即可上市，充分掌握上市時機；現有的油品還是可以外銷到世界各地，所以生產線的產能不會因此而閒置。

在主管會議中，這兩種意見各有支持與反對的聲浪，最後只好上呈董事長決定，友福公司的謝董事長認爲前次設備更新的時間太久，錯過產品上市時機，結果花了數年這些成本才得以回收。雖然，董事長認爲徐財務長建議的方式似乎較爲可行，但他也瞭解目前的作業流程確實還有值得改善的部分，只是問題在哪裡、該如何著手，沒人知道。所以，董事長指派營運企劃部錢部長進行研究，希望能夠提高生產設備的效能。

該公司的產品已取得多項品質認證，雖然長久以來產品也沒出過什麼太大的問題，但錢部長也瞭解目前作業的流程仍然不是十分順暢。只是原因在哪、該如何修改，他也不太確定。

錢部長從業界朋友得知超品質管理的訊息，因此便指派人員蒐集相關資訊，例如：書籍、專業雜誌、網際網路，確定超品質管理的探討內容後，錢部長便邀請駱顧問來討論該公司應如何運用超品質管理來改善現有問題。

簡要地瞭解目前友福油品的經營方向、管理作業、生產流程後，駱顧問認爲該公司所面臨的是一從「強調品質改善才能提昇獲利的模式」逐步演進到「以獲利導向的品質改善模式」的階段過程。這是許多企業都正在經歷的過程，因爲管理者所關心的不僅是產品A的不良率由百分之三．五降到百分之三，而是產品A不良率的改善是否能爲公司帶來最大的效益？所以，哪些項目改善能夠爲公司產生最大的效益？這些項目要改善到什麼程度？這些問題的答案才是管理者最關心的；但是，TQC、TQM都無法針對這些問題提供明確的答案。

錢部長希望能藉由駱顧問的協助，推動Six Sigma超品質管理專案。駱顧問認爲企業在考慮推動超品質管理時，他建議管理者宜參考以下步驟：

・爭取高階主管有效的支持。

・界定明確且可行的階段性目標。
・分析企業的核心作業流程，找出能夠影響客戶滿意程度的關鍵因素。
・界定明確的產品規格或服務品質要求。
・培訓超品質管理的專家，並在實務中建立「專家輔導」的關係。

駱顧問表示這些是企業推動超品質管理最重要的五個步驟；如果企業能夠落實這五個步驟，則表示企業已有推動超品質管理的能力，反之，若是企業希望能藉由外界指導與服務，幫助管理者推行超品質管理，則可以尋求專業顧問服務。畢竟，「當局者迷，旁觀者清」，採用專業顧問能夠縮短人員摸索的時間，有效減少企業的學習成本，較能確保專案的有效性。

錢部長認同駱顧問的提議，於是向謝董事長提案，爭取高階主管的支持。

問題：

・根據如下的企業成本的架構圖，試探討超品質管理能夠改善哪些部分？
・如果董事長決定導入超品質管理，試討論該公司應如何規範顧問服務的品質，以確

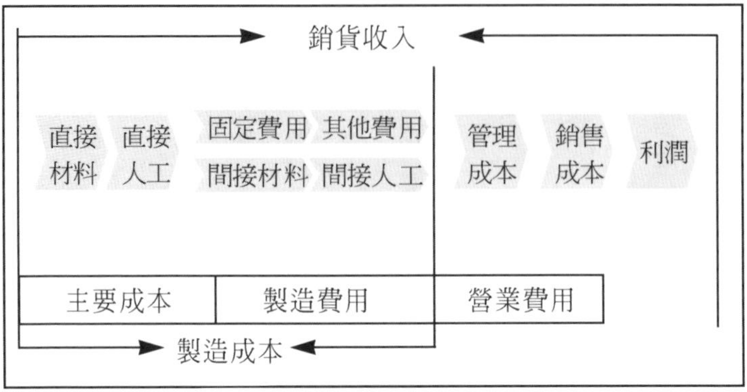

保企業得到應有的服務。

- 駱顧問指出：「超品質管理能幫助管理者回答：『哪些項目改善能夠爲公司產生最大的效益？這些項目要改善到什麼程度？』。」爲什麼TQM無法解答這些問題？
- 超品質管理提供一種簡易的衡量尺度——DPMO，藉著這個尺度可以再進一步設定作業的Sigma水準。請問：超品質管理的Sigma水準能否適用各種不同的產業？
- 超品質管理最重要的特色是透過專家輔導的體系強調實作的重要性；統計技術僅是協助驗證作業成果的DPMO尺度。是否唯有統計學專家才能擔任black belt的職務？爲什麼？

第七章　新經濟下的管理會計問題

在第一單元重要觀念建立我們提過，新經濟改變了原有作生意的方式，「速度、彈性、知識、創新」是新經濟環境四項主要的特色。傳統的管理會計能否符合新經濟環境的需求，所以，我們將探討在新經濟環境下，傳統管理會計的相關問題。新經濟帶來許多的改變，站在企業的角度，我們可以將這些改變分爲兩大部分，外部經濟環境的改變與企業內部環境的改變。在外部環境的部分，可以細分爲四項：經濟情況、競爭模式、革新速度、管理理念；內部環境則可細分爲四個層面：成本、品質、產品、生產等層面。（圖7-1）

內容大綱

1. 改變中的經濟環境
2. 新經濟帶來的衝擊
3. 作業活動成本
4. 品質成本

圖7-1　第七章內容大綱

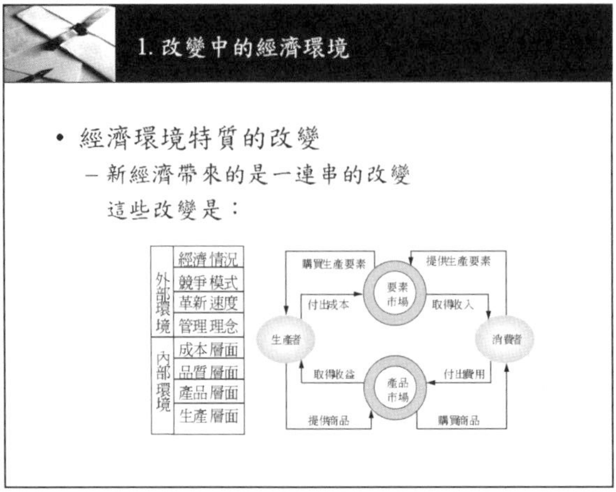

圖7-2　從經濟循環圖來看新經濟帶來的改變

透過經濟循環圖的展現，我們可以發現，不僅生產者（企業）受到新經濟影響，消費者也同樣受到影響。（圖7-2）

在舊經濟的時代，主要的特色是市場相對較穩定，市場的競爭主要還侷限於同一地理區域內的競爭，組織架構以階層式的架構爲主；競爭的模式以大量生產爲主軸，勞力與資本是主要的生產要素，關鍵的技術就在於自動化的生產設備，一旦能夠達到某個程度的經濟規模，自然就產生企業的獲利。

如何善用與控制資源並且發揮這些資源的最大效益，是舊經濟時代管理的主要措施；由於採用大量生產模式，產品成本的計算多採分批或分布成本，品質成本的計算仍不精確；由於生產者標準化、大量化的生產，所以產品的單位價格能夠降低，但消費者必須遷就現有的規格與標準，產品的款式顯得十分單調。

在新經濟的環境中，由於網路、通信、電腦科技的進步，交易不再受到地理與時空的限制，市場的競爭開始邁向國際性的全球競爭，爲了因應快速變化的市場需求，原有階層式的組織架構不再能符合時代的需求，管理架構迅速轉變爲網路式的架構；如何有效率地彈性生產，以符合來自全球所有客戶的需求，成爲企業競爭的重要方式；勞力與資本的重要性逐漸被知識與創新所取代；全新的數位化生活不再是電影內的情節，創新的設計、上市時機的掌握、品質、成本……等成爲決定企業能否獲利的關鍵因素。

未來變化的速度太快（十倍速），以致於企業無法藉由預測來掌握市場的變化，如何彈性改變企業以因應隨時在變化的市場需求才是新經濟時代的管理重點。（圖7-3）

傳統的管理會計似乎必須加以調整，才能應付新經濟環境的需要。強調以交易爲基礎，並注重品質成本的各項因素，就是現在管理會計最迫切的議題。品質成本方面，則強調以達到零缺點與全面品質管理爲主要目標；生產者必須製造多樣化的產品，以期能符合消費者個人化的需求，因此彈性、小批量生產、更有效率地控制存貨，就是新經濟時代生

1. 改變中的經濟環境

	舊經濟	新經濟
經濟情況	1.市場穩定 2.區域性競爭 3.階層式的組織架構	1.市場變動快速 2.全球性競爭 3.網路式的彈性組織
競爭模式	1.大量生產 2.生產要素：勞力／資本 3.關鍵技術：機械自動化 4.獲利關鍵：經濟規模	1.彈性有效率地生產 2.生產要素：知識／創新 3.關鍵技術：網路科技／數位化科技 4.獲利關鍵：品質、創新、成本、上市時間
管理措施	資源的管理與控制	彈性應用並建構有利環境
革新速度	相對穩定	十倍速
成本層面	1.分批、分步成本 2.無品質成本之因素	1.以交易為基礎、界定變動與固定成本 2.注重品質成本的各項因素
品質層面	僅注重生產過程的品質	強調零缺點的總品質控制
產品層面	單一化、規格化的產品	個性化、多樣性的產品
生產層面	標準化、大量化的生產為主	彈性化、及時化的生產與存貨控制

圖7-3　新經濟與舊經濟的差異表

產層面的特色。

傳統的管理會計無法完全符合新經濟的需求，其主要問題有幾項：傳統管理會計的存貨、製造費用分攤基礎首先受到挑戰，而且產品設計成本不易認列，這些都會影響到成本的計算；另外，在新經濟時代，非財務性的績效衡量與財務性的衡量方式都同樣受到管理者的重視。（圖7-4）

作業活動成本法提供以作業活動爲成本分攤的基礎，而不以直接人工爲分攤的基礎，並且也增加用於累計製造費用的成本庫的項目數量，使以往被視爲間接成本的項目歸屬到特定的活動，因此可以直接換算爲相應的產品成本，這種方法能夠提高產品成本計算的正確性。（圖7-5）

2. 新經濟帶來的衝擊

- 傳統管理會計將產生以下問題：
  - 存貨與製造費用分攤的基礎不適用
  - 產品設計成本不易認列
  - 成本計算不精確
  - 忽視非財務性的績效衡量

圖7-4　傳統管理會計面臨的問題

3. 作業活動成本法 (ABC Costing)

- 作業活動成本法
  - 將生產活動劃分成若干作業活動
  - 採用成本動因(cost driver)來彙集、歸屬產品成本
  - 優點：
    - 提高產品成本計算的正確性
    - 建立各項成本與決策方法之間的攸關性，使管理者能進行更正確的決策。

圖7-5　作業活動成本法

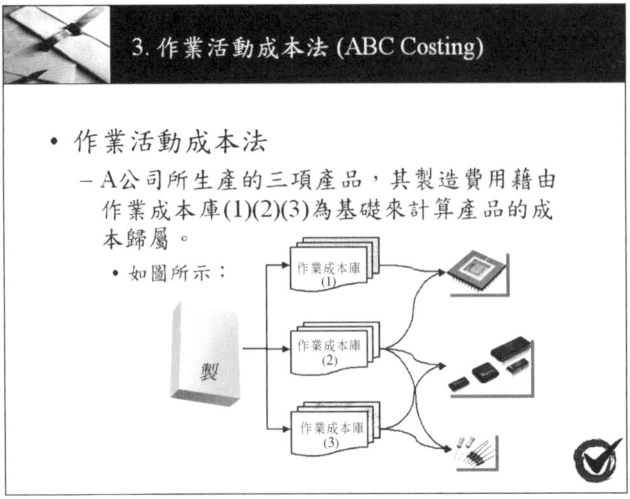

圖7-6　作業活動成本法示意圖

大部分的管理決策是以達到作業流程的最佳化爲目標，若能夠建立各項作業活動與產品成本之間的關聯性，就能夠更精確判斷各項決策所可能產生的效果與影響，所以，管理者便有更客觀的依據來制定決策。

成本庫是作業活動成本法的分攤基礎，假設A公司生產三種主要的產品，藉著作業成本庫就能夠將製造費用逐項歸屬到各項產品中。（圖7-6）

在新經濟的時代下，除了要更精確計算產品的成本，由於是全球化的競爭，企業必須提昇產品的品質。

品質成本主要的四個項目爲：預防成

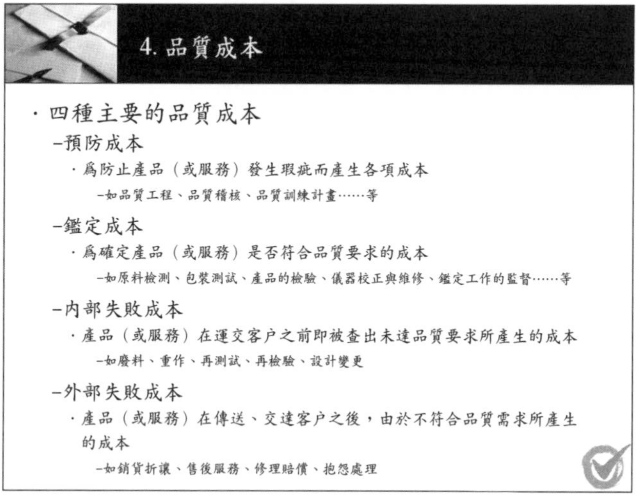
4. 品質成本
・四種主要的品質成本
–預防成本
・爲防止產品（或服務）發生瑕疵而產生各項成本
–如品質工程、品質稽核、品質訓練計畫……等
–鑑定成本
・爲確定產品（或服務）是否符合品質要求的成本
–如原料檢測、包裝測試、產品的檢驗、儀器校正與維修、鑑定工作的監督……等
–內部失敗成本
・產品（或服務）在運交客户之前即被查出未達品質要求所產生的成本
–如廢料、重作、再測試、再檢驗、設計變更
–外部失敗成本
・產品（或服務）在傳送、交達客户之後，由於不符合品質需求所產生的成本
–如銷貨折讓、售後服務、修理賠償、抱怨處理

圖7-7　品質成本

本、鑑定成本、內部失敗成本、外部失敗成本。預防成本包含了鑑別成本，預防成本的提高則可相對地減少內部或外部失敗成本。(圖7-7)

從客戶滿意度的角度來分析，前三種成本（預防成本、鑑定成本、內部失敗成本）都不會傷害客戶對企業產品品質的信任，這三項僅是財務上的損失，唯有外部失敗成本會對企業產品的形象產生直接的傷害，一旦涉及賠償或訴訟，往往便對企業形象造成莫大傷害。(圖7-8)

四種品質成本所涵蓋的範圍以及與客戶之間的關係，如圖所示。

如果，設計的過程完美，生產的過程

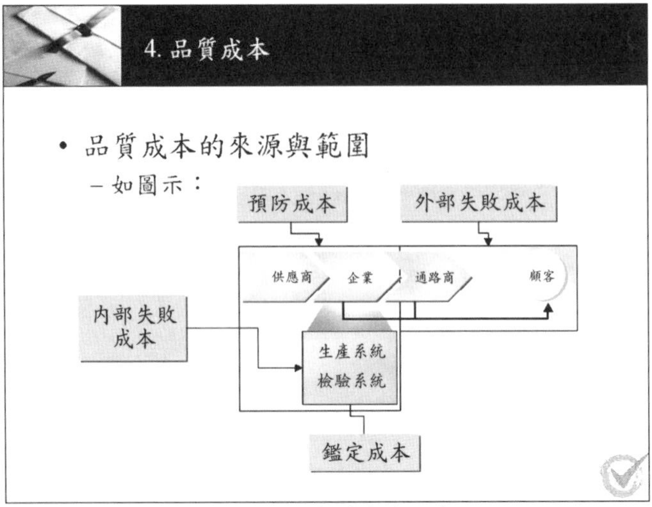

圖7-8　四項品質成本的示意圖

完美，運送的過程完美，也許生產者就可以省下可觀的品質成本。可是，現實的生活中，我們還是必須要投入相當的品質成本以確保產品（或服務）的品質。在理論上，品質提昇與企業獲利應當呈現正相關的關係，但在實務上這個過程是如何形成的呢？

簡單來說，品質提昇可分爲兩個主要的方向：製作品質的提昇與設計品質的提昇；製作品質可藉由提高製造品質、減少廢料或重製、減少折讓或賠償的方式來達到降低製造成本與服務成本的目標；另一方面，企業可以透過包裝、設計、廣告的方式來塑造產品的形象，藉著這個方式來

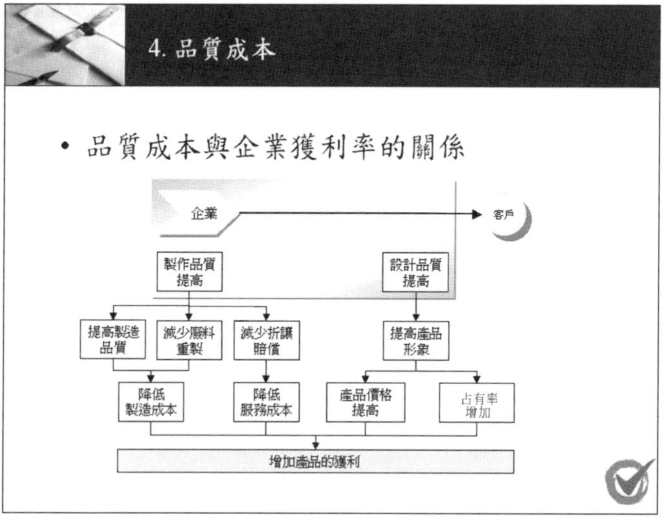

圖7-9　提高品質如何提高獲利

達到擴大市場占有率以及抬高產品售價的目標；雖然兩種方式的出發點不同，但最終目標是一致的——增加產品的獲利。（圖7-9）

第八章　簡報指引

如何有效率地製作一份精美的簡報是有原則可以遵循的。在本章我們將介紹專業管理顧問所採用的「簡報指引」，讓讀者能藉著這些簡要的原則，製作具有專業水準的簡報。

簡報是管理活動中最基本的技術，在簡報時，除了主講者個人儀態與口才之外，簡報內容與外觀亦是贏得聽眾信任的重要關鍵。不論個人或團隊，簡報都應該善用「簡報指引」，讓簡報的參與者，例如，客戶、長官、同事等，都能對您所製作的簡報具有良好的印象。「簡報指引」所列的原則就是營造這種良好印象的捷徑。圖8-1爲簡報室。

圖8-1　簡報室

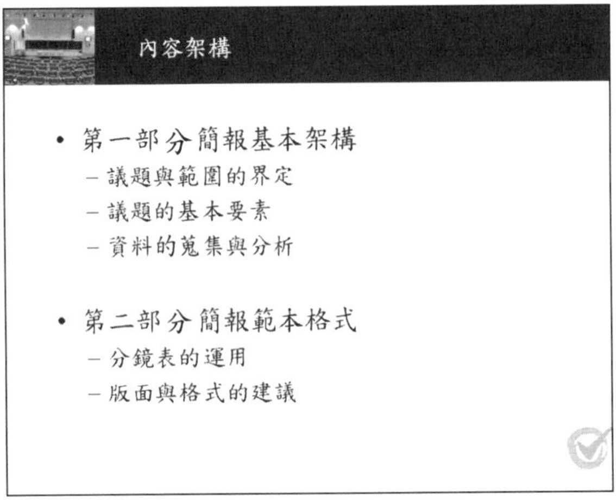

圖8-2　內容架構

「簡報指引」分爲兩個部分，第一部分是簡報基本架構，第二部分是簡報範本格式。

第一部分說明如何界定問題、蒐集資料、分析彙整，最後完成簡報的內容，第二部分說明如何以分鏡表來有效組織簡報的內容及簡報表現的格式。（圖8-2）

簡報基本架構

簡報指引的第一部分是有關界定問題、蒐集資料、分析彙整的綱要性說明，主要有三個子項：議題與範圍的界定、議題的基本要素、資料的蒐集與分析。（圖8-3）

在實際的簡報過程中，我們建議應該採用列舉法來分析所要解決的問題，列舉法是先將

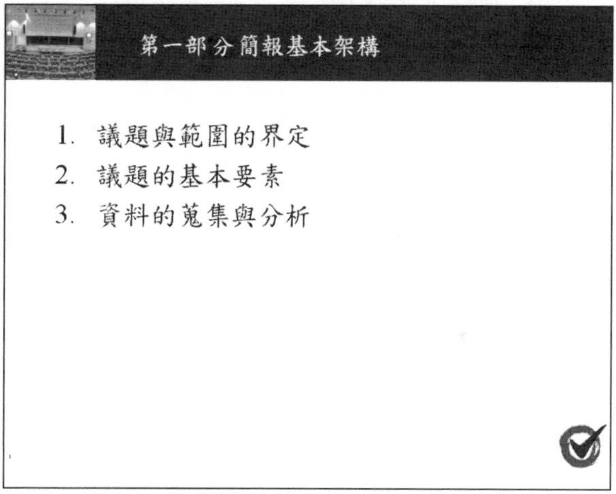
第一部分簡報基本架構
1. 議題與範圍的界定
2. 議題的基本要素
3. 資料的蒐集與分析

圖8-3　簡報指引 第一部分簡報基本架構

主要目標區分出幾個子項的目標，這樣作的目的是逐步縮小所處理的問題，藉此突顯出各項相關的議題。（圖8-4）

當主要目標被區分爲數個子項目標後，就可以逐項列出與各子項目標相關的議題（issue）。運用列舉法能夠讓簡報者在分析問題時能清楚地掌握其簡報內容涵蓋的範圍與可能的限制，這樣能使客戶（聽眾）在聽簡報時更清楚其簡報內容所針對的範圍。除了能夠清楚地界定出議題的範圍，列舉法也是簡報者在預備現場質詢問題時的好辦法。（圖8-5）

議題是由前提假設、基本立論、驗證資料三者所共同構成。簡報的內容除了事實或趨勢的陳述與比較之外，簡報者所持的基本立論必

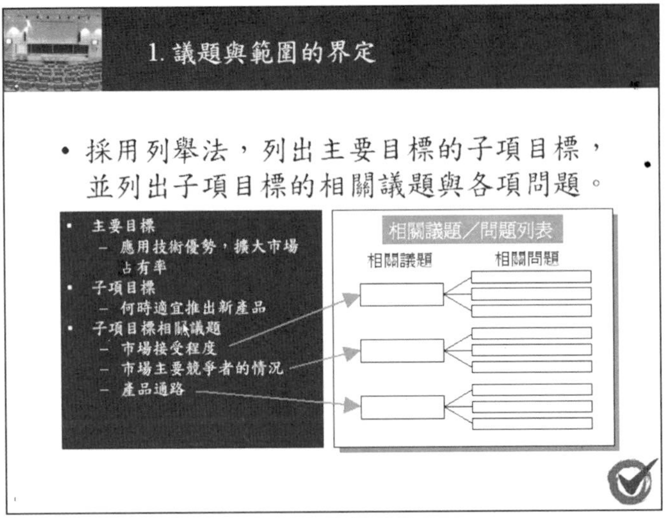

圖8-4　議題與範圍的界定

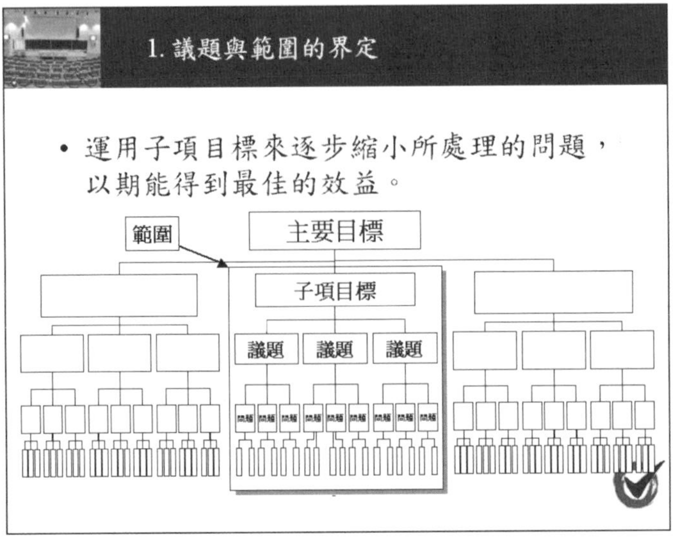

圖8-5　第一部分 運用子項目標來縮小範圍

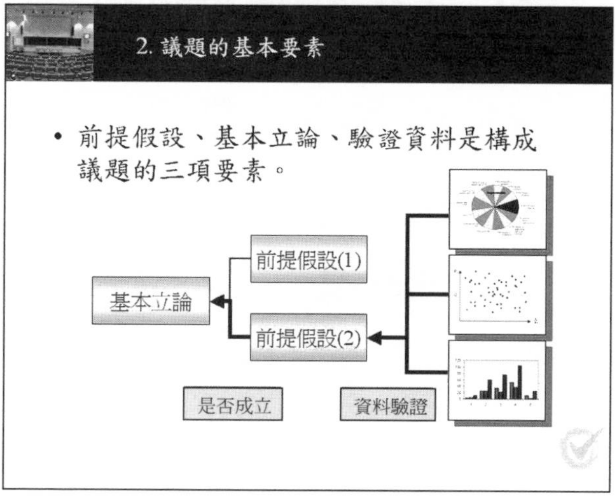

圖8-6　構成議題的三項要素

須藉由輔助資料加以驗證才會成立。這些資料的功能是在於驗證各項前提假設是否成立，因此，有幾分資料就說幾分的話，是我們判斷簡報者所持立論是否公允的最基本要求。（圖8-6）

除了幫助我們瞭解問題之外，資料蒐集的目的其實就是要支持簡報者所持的立論。但是資料的種類非常多，由於性質的差異，有些資料很難取得，有些資料又過於零散，因此，在開始進行資料蒐集之前應先定義所需蒐集資料的種類、時效……等性質，並且擬定蒐集的策略與方式，這樣才容易事半功倍。（圖8-7）

在資料蒐集的過程中應適時修正所採用

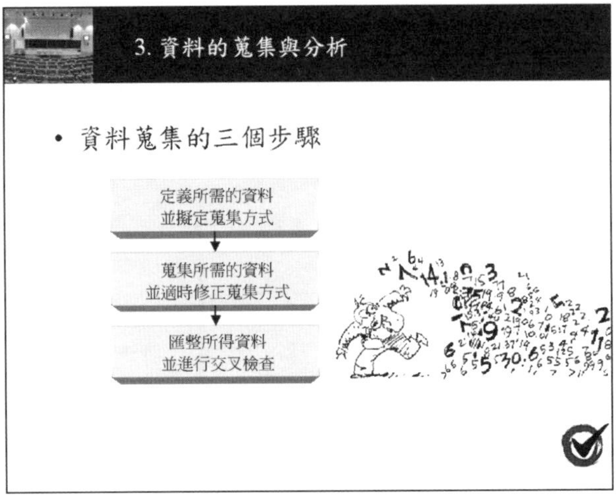

圖8-7　蒐集資料的三個步驟

的方式或策略，以利蒐集工作的進行。對於已經蒐集到的各種資料要妥善安置與保存，並且應當適實分類並進行交叉檢查，這個過程的目的就是在檢驗所蒐集資料的品質。因此，若是簡報者引用了錯誤的資料，其所持的立論錯誤的可能性就很高。（圖8-8）

資料分析的方式有很多種，在此我們僅列出較常見的六種方式，其中也括：比率分析、比較分析、趨勢分析、指數分析、標準差異分析以及圖表分析。

比率分析法應用很廣泛，如衡量企業的獲利性、穩定性、成長性、生產力……等，這種方法優點就在於「簡單明確」讓人一目了然，可是這種方法也有其缺點，就是比率並不能代

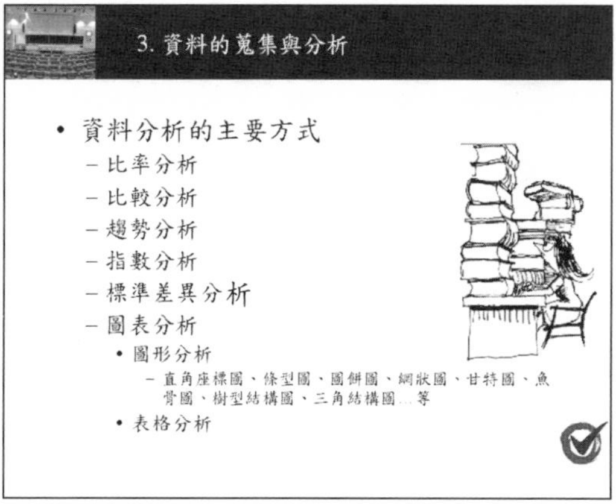

圖8-8　資料分析的方式

表實際的數額，而且必須與其他分析法搭配（如比較分析法）才能得出合理的結論。

比較分析法其實很單純，主要有兩種作法：自我比較法與同業比較法。如果觀察多個期間的變化情況，就是趨勢分析法，這種作法是以時間爲分析的基準，在各段期間內的比率與變化則爲其衡量的目標。趨勢分析法有兩種分類：成長趨勢、比率趨勢，運用趨勢分析時要注意各期間的應採用相同的計算基礎，如果計算的基礎有重大的改變（如物價波動），就應該經過適當調整後才能進行趨勢分析。趨勢分析圖是協助我們進行趨勢分析的重要工具，另外，像統計迴歸分析也是進行未來趨勢分析時可以採用的技術。

指數分析法其實就是將比率分析法所算得的

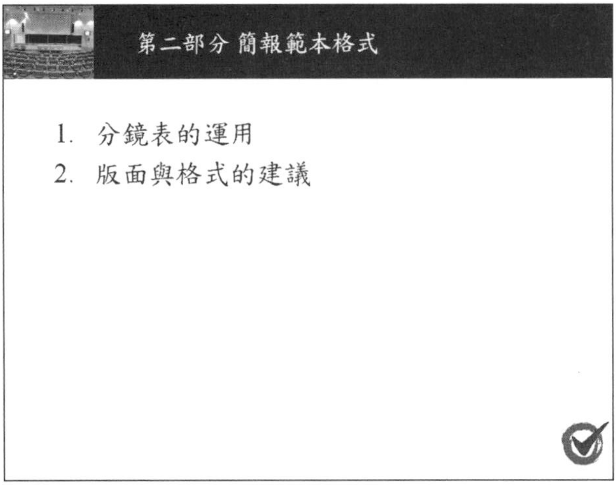
第二部分 簡報範本格式
1. 分鏡表的運用
2. 版面與格式的建議

圖8-9　簡報範本格式

各項比率值，賦予合理的加乘權數之後加總所得。指數分析法的優點是能夠綜合判斷整體成效，其缺點則是加乘權數訂定不易，而且碰到有單一比率超高或超低時，將會大幅影響指數的客觀性。

爲了改善上述分析法的問題，標準差異分析就成爲頗爲有用的工具。標準差異分析就是將實際數值與標準數值作比較計算求取差異，再分析造成差異的各項因素並得到合理的判斷依據。

範本格式

簡報指引的第二部分是簡報範本格式，主要有二個子項：分鏡表的運用、版本與格式的建議。（圖8-9）

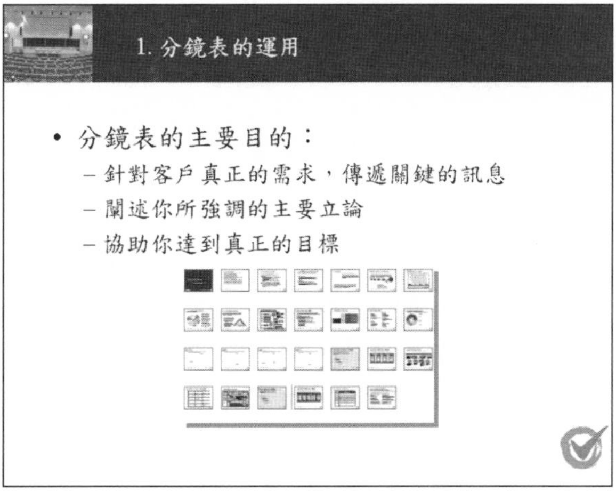

圖8-10 分鏡表的目的

分鏡表是協助簡報者達到眞正目標的工具，運用分鏡表可以釐清客戶（聽眾）眞正的需求，讓簡報所傳達的關鍵訊息能更切近客戶的需要。（圖8-10）

運用分鏡表之前，對於客戶企業的文化、參與討論的動機、可能會產生矛盾的問題，都必須事前調查。同時簡報者必須設定透過簡報所希望達到的結果，再思考應如展現所持的立論。（圖8-11）

在第一部分提到的議題分析的結果就是分鏡表主要的資料來源，由於基本立論已藉由足夠資訊來驗證，所以簡報者可以選擇正面引伸法、負面反證法、綜合驗證法來展現分鏡的內容。（圖8-12）

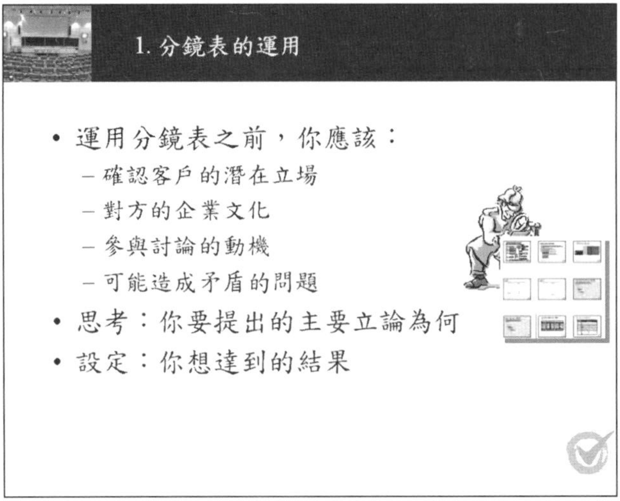

圖8-11　分鏡表的運用

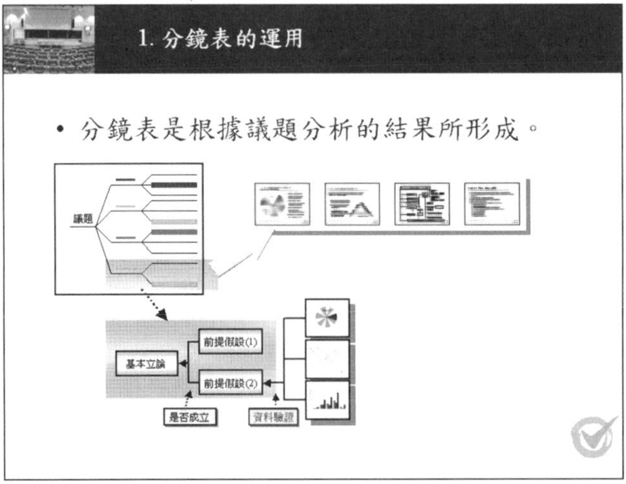

圖8-12　分鏡表的資料來源

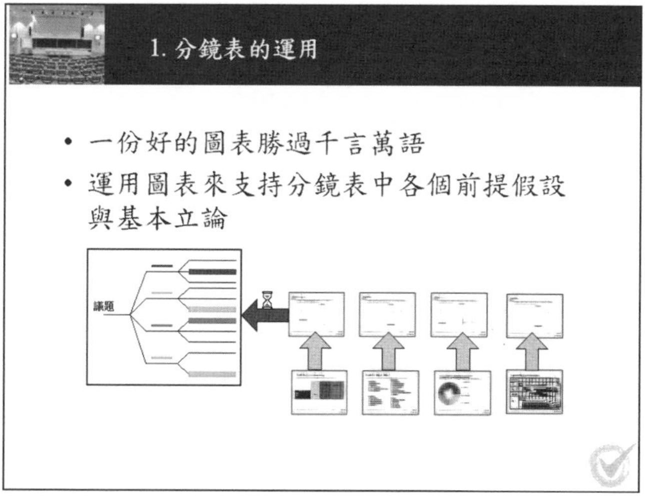

圖8-13　善用圖表支持基本立論

圖表是突顯問題重點最直接的方法，一份好的圖表勝過千言萬語，簡報者應善用圖形與表格來支持分鏡表中所列的各項前提假設與基本立論。因爲「簡報」的重點就在於「簡」這個概念，簡報者要運用簡單的方式來突顯議題的重點。（圖8-13）

簡報者應隨時採用宏觀的角度審視所持的立論，判斷所持的立論是否符合客戶眞正的需求，思考客戶可能會提出的問題，試著以宏觀的角度來回應這些可能提出的問題。分鏡表能夠輔助簡報者隨時思考這些事項之外，還能讓簡報者檢查各頁之間的邏輯相關性，這有點類似於作文的「起、承、轉、合」概念，簡報者可以隨時

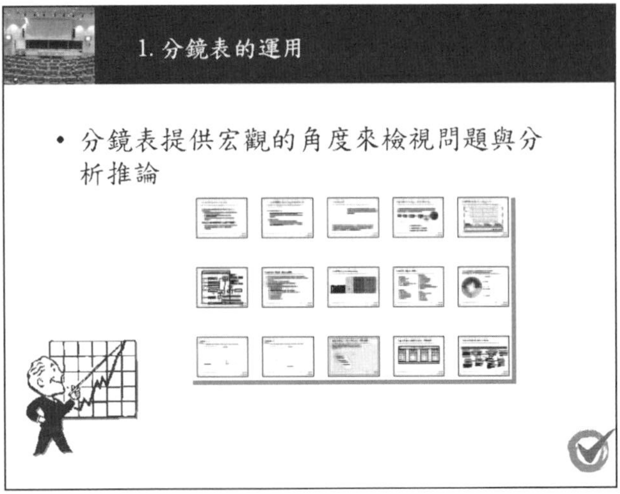

圖8-14　分鏡表提供宏觀的角度來「看問題」

調整所闡述議題的先後次序，讓簡報的內容更有力量。（圖8-14）

簡報進行中，簡報者主導整個簡報的過程，簡報者在角色上類似於電影的導演，運鏡的技巧與優劣能夠決定一部片子是否能夠成功。我們可以把簡報視爲小型的商業電影，因此，「投其所好」迎合觀衆口味就是最基本的前提，這樣才能夠讓客戶「叫好」；除了「叫好」之外還要「叫座」才行，簡報者要隨時記住簡報眞正的目的爲何，並且要以是否達成預計目標做爲衡量簡報是否成功的依據。（圖8-15）

接下來是針對簡報的版面與格式的建議，請讀者自行參考，配合第一部分的內容

與分鏡表的運用要訣，希望讀者能多多練習。（圖8-16、圖8-17、圖8-18）

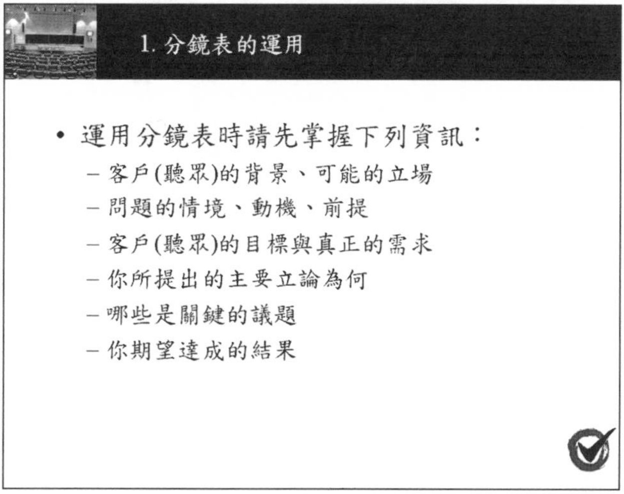
1. 分鏡表的運用
• 運用分鏡表時請先掌握下列資訊：
– 客戶(聽眾)的背景、可能的立場
– 問題的情境、動機、前提
– 客戶(聽眾)的目標與真正的需求
– 你所提出的主要立論為何
– 哪些是關鍵的議題
– 你期望達成的結果

圖8-15　分鏡表的「運鏡要訣」

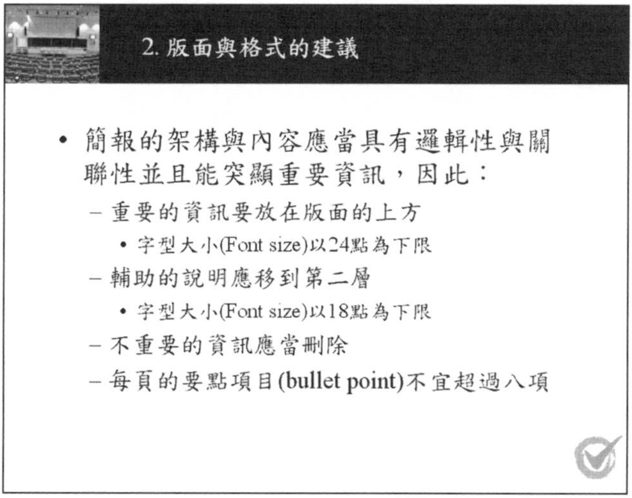
2. 版面與格式的建議
• 簡報的架構與內容應當具有邏輯性與關聯性並且能突顯重要資訊，因此：
– 重要的資訊要放在版面的上方
• 字型大小(Font size)以24點為下限
– 輔助的說明應移到第二層
• 字型大小(Font size)以18點為下限
– 不重要的資訊應當刪除
– 每頁的要點項目(bullet point)不宜超過八項

圖8-16　版面與格式的建議

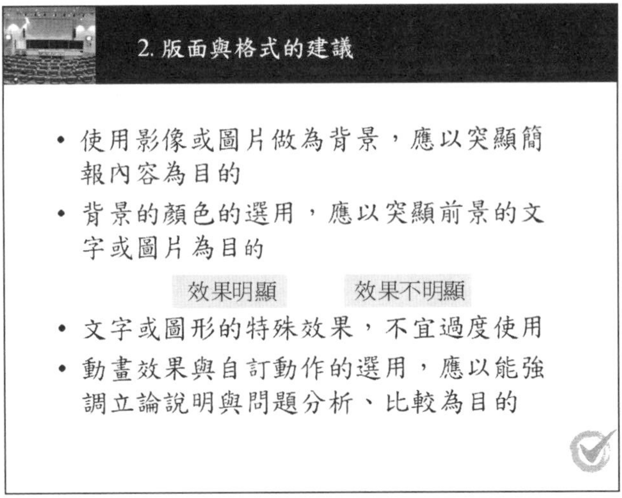
2. 版面與格式的建議
• 使用影像或圖片做為背景，應以突顯簡報內容為目的
• 背景的顏色的選用，應以突顯前景的文字或圖片為目的
效果明顯
效果不明顯
• 文字或圖形的特殊效果，不宜過度使用
• 動畫效果與自訂動作的選用，應以能強調立論說明與問題分析、比較為目的

圖8-17　影像、圖片與文字、動畫效果的指引

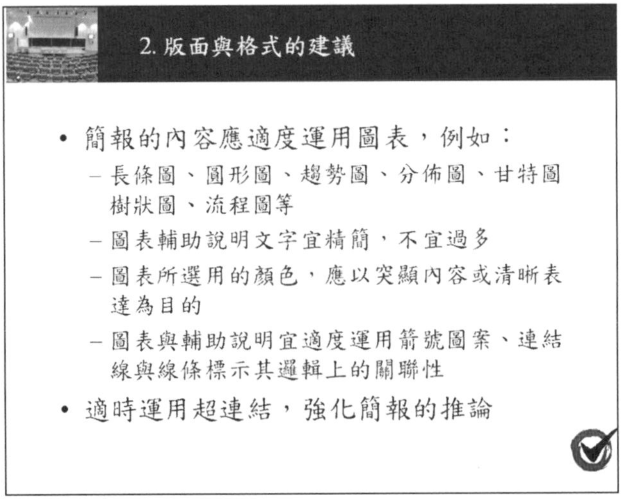
2. 版面與格式的建議
• 簡報的內容應適度運用圖表，例如：
– 長條圖、圓形圖、趨勢圖、分佈圖、甘特圖樹狀圖、流程圖等
– 圖表輔助說明文字宜精簡，不宜過多
– 圖表所選用的顏色，應以突顯內容或清晰表達為目的
– 圖表與輔助說明宜適度運用箭號圖案、連結線與線條標示其邏輯上的關聯性
• 適時運用超連結，強化簡報的推論

圖8-18　圖表、超連結的運用指引

強勢競爭——如何駕馭企業的招財貓　NEO 系列 9

著　　者☞ 卓宗雄
出 版 者☞ 揚智文化事業股份有限公司
發 行 人☞ 葉忠賢
責任編輯☞ 賴筱彌
地　　址☞ 台北市新生南路三段 88 號 5 樓之 6
電　　話☞ (02) 23660309　(02) 23660313
傳　　真☞ (02) 23660310
登 記 證☞ 局版北市業字第 1117 號
印　　刷☞ 鼎易事業印刷股份有限公司
法律顧問☞ 北辰著作權事務所　蕭雄淋律師
初版一刷☞ 2002 年 7 月
定　　價☞ 新台幣 250 元
I S B N ☞ 957-818-395-X
網　　址☞ http://www.ycrc.com.tw
E-mail ☞ book3@ycrc.com.tw

國家圖書館出版品預行編目資料

強勢競爭：如何駕馭企業的招財貓／
卓宗雄著. -- 初版. -- 臺北市：
揚智文化, 2002〔民 91〕
面； 公分

ISBN 957-818-395-X（平裝）

1.企業管理 2.競爭（經濟）

494.1 91006750